唤醒半睡的自己

孩子，我拿什么留给你

—— HAIZI，WO NA SHENME LIUGEI NI ——

吴文君　著

电子工业出版社

Publishing House of Electronics Industry

北京·BEIJING

图书在版编目（CIP）数据

孩子，我拿什么留给你/吴文君著. —北京：电子工业出版社，2015.4
ISBN 978-7-121-25617-2

Ⅰ.①孩… Ⅱ.①吴… Ⅲ.①成功心理—通俗读物 Ⅳ.①B848.4-49

中国版本图书馆CIP数据核字（2015）第041247号

出版统筹：李朝晖
责任编辑：潘 炜
文字编辑：任婷婷
责任校对：杜 皎
营销编辑：王 丹
印　　刷：北京虎彩文化传播有限公司
装　　订：北京虎彩文化传播有限公司
出版发行：电子工业出版社
　　　　　北京市海淀区万寿路173信箱　邮编：100036
开　　本：720×1000　1/16　印张：16.5　字数：200千字
版　　次：2015年4月第1版
印　　次：2024年5月第7次印刷
定　　价：40.00元

凡所购买电子工业出版社图书有缺损问题，请向购买书店调换。若书店售缺，请与本社发行部联系，联系及邮购电话：（010）88254888。
质量投诉请发邮件至zlts@phei.com.cn，盗版侵权举报请发邮件至dbqq@phei.com.cn。
服务热线：（010）88258888。

及时的棒喝与良药

华人世界国际 NLP 大师　李中莹

吴文君老师又有新作面试了,我很荣幸又被邀请写序。

看完这本书,我有太多感慨了。我的第一段婚姻也是被那种不成熟的心智模式所操控,以致没有做好丈夫及父亲该做的事情。当时我还责怪妻子,也没有给孩子足够的引导和帮助。妻子病逝快二十年了,孩子也已踏进了中年,然而我心中一直有一份无法完全消除的遗憾。虽然我一直努力把它转化成帮助更多夫妻及父母的动力,但是刀疤不会因为今天的改变而消失。每当触摸这道疤,我的心中依然隐隐作痛。

我们真的只能在痛苦中学习,真的只能让内疚、遗憾、后悔、惭愧,促使自己去改变吗?

吴文君老师研究孩子,包括他们在学校或家里的需求,已经三十年了。这方面的心得及经验成为本书最有力的事实依据。这本书真是适时的棒喝,也是针砭时弊的灵药。

只看内容大纲，我的脑海里就涌出两件真实的事情。

一个 15 岁的女生被发现跟一个高年级男生同居了一段时间，而且怀孕了。学校与家人都大为震惊，马上展开一连串风暴式的处理行动。双方家长把孩子带回去斥责；女生做人流、退学、改名字，搬到另一个城市找新学校继续学业。告诉我这件事的是学校的心理老师，每次想起这位老师的话，我的内心都有很大的触动。

那位老师发现这个女生在两年前就有过一次完全一样的经验，而且两次都是她主动追求男生的。人们听到这里，会觉得这女生太不像话、太不自爱。然而，老师继续说道："我问那女生为什么要这样做，她回答我：'我想有一个温暖的家却没有，我只能自己建造一个。'你能说她错了吗？"

她的父母白手起家打拼了二十年，事业越做越大，在社会也有一定地位了，但总是事务缠身，很少有时间陪伴女儿。女儿衣食无缺，却内心空虚，正如她所说"在没有爱没有温暖的房子里长大"。今天的社会里，有多少这样"成功"的父母？

有一次，我在饭店吃饭。邻桌是两个穿得挺光鲜的父母，带着一个五六岁的儿子在吃饭。他们的桌子就在窗边，外面是人行道。人行道上有一对流浪乞讨的夫妇，带着两个孩子和一条狗。夫妇俩趴在地上，面前有一张写满字的破纸和一个让人放钱的大碗。两个孩子和小狗则在旁边嬉戏玩耍，看上去很开心。

邻桌的夫妇正陷入一场讨论中，似乎是关于某些投资项目。他们聊了一会儿，突然发现孩子不见了。他们慌忙地寻找孩子，却发现孩子加入了窗外那两个孩子和一条狗的游戏，玩得很开心。

这对父母出去想把孩子拉回来，他们的表情、动作及说话的态度清楚地表现出不满。孩子不愿意和爸妈回到干净的座位上。父亲生气地给了孩子一巴掌，他才哭着跟父母回到座位上。

这对夫妻还在责骂孩子，孩子不停地哭诉："他们很开心呀，我跟他们玩得很开心……"父母则说："不成，这么脏，在这里玩多干净。"孩子反驳道："我不要干净，我要开心。"

孩子无意的申诉，却让我陷入了深思：为什么乞丐父母身边的孩子，比穿得好、吃得好的孩子更开心？孩子真正需要的是什么？

我希望每一位忙于事业的朋友，都能看到这本书。我代你的孩子感谢你了。

下一代为之自豪的生命原动力

阿里巴巴集团组织文化部负责人、阿里巴巴集团副总裁　王民明

文君多年前的愿望，今天正一步步实现。我曾经有幸与她共同经历过一段探索生命真谛的旅程。在那段时间里，文君于生命的热爱，于成长的渴望，于他人的温情，于苦难的韧性，给我留下了深刻的印象。她就是那位在你遇到困难时，值得信赖并会陪你走过这段旅程的人。今天，她正把自己多年积累的关于生命传承的故事和洞见，以一种非常实际的方式组织起来，写成文字，让更多人受益，并运用于自己的家庭之中。她虽然不是企业家，但她对未知的探索、开创的力量、务实的行动，却具有一种企业家精神。我非常高兴终于有了一本让很多事业有所成就的朋友，可以细腻、全面地探索和实践家庭传承这个领域的开拓性的好书。

我自己就是在父亲殷殷期待的目光下长大的孩子，在工作的点滴

努力中也隐隐有份渴望，希望自己的所作所为能够荣耀自己的家族。而对于女儿，我虽然没有期望她如何优秀，也仍然会希冀她能从父母这里得到力量和支持，活出她自己的精彩人生。身处在中国的文化里，哪怕工作再忙碌，对于生命传承这件事，总免不了有一份深深的情感和实际的重视。孩子，我可以把什么传给你？这确实是每个家庭都在关心的主题。但在各自的尝试中，我也经常听到身边朋友走了不少弯路，很少有人来系统地梳理和总结，分享有益的经验和方法。文君的这本新书，开启了一个新的起点。

现今我们所处的社会环境，经济快速发展，很多人积累了父辈们未曾拥有过的财富，但对于如何有效地运用这些财富来促进家庭的健康发展，让下一代从中受益，却和如何挣钱一样在挑战着我们的智慧与远见。事实上，比起外在的有形财富，我们在走入社会成家立业的奋斗过程中，也积累了一笔无形的财富。这就是我们每个人内心对于人生的理解，对于自身的认识，对于生存发展的体悟，对于创造财富的智慧。在这份经历和智慧中，蕴含了一种精神力量，支撑起一个家庭的信心与发展，对于孩子有着深远的影响和价值。如何将这份精神力量有效地传递给下一代，是我们每一位父母关心却又迷惑的地方，值得我们一起探讨与思考。

孩子与我们生活在一个不同的年龄阶段和社会情景中，与我们有着不同的生活态度和人生追求，很难用一种僵化的教导模式将我们的经验直接灌输给他们，因而情感连接的强度和影响力就变得至关重要。很多时候，我们自己也不是因为一个人讲得多么有道理而接受了对方的观点，而是因为我们发自内心地信赖或敬佩这个人。古代有一个重要的词汇渗透在我们的日常生活中，即"情义"。用现代社会中一个稍显功利的词汇来说，就是"情商"，也称之为"情绪智慧"。文君此书的一个独到之处，就是在如何与孩子建立深度的情感连接，如何有效地处理自身与他人的情绪互动上下足了功夫，让家庭精神力量的传承有了一条畅通的管道和有效的方式，容易被孩子接受。

最后，这样一个传承的过程，也会促使作为父母的我们更加深入地回顾和思考自己走过的生命历程。所谓"教学相长"，这样的回顾、分享和对话会让我们重新审视自己的生存经验，唤醒我们的生活热情，肯定自己的生命力量，发现自身的深层渴望，也激发我们进入下一个生命旅程的强烈愿望，开启新的方向。

未来是属于年轻人的。如果说我们把自身积累的力量与智慧传承给了年轻一代，那么，年轻一代也同时在以一种未知的方式引领着我们迈向未来。再次感谢文君的这本书，给予了我们一个平台和机会，让这样的连接得以更有品质地发生，丰富了我们每一个家庭对于自身的理解和共鸣，使得一些美好的东西可以代代相传，唤起下一代为之自豪的生命原动力。

功成身贵的人生智慧

中国林业生态发展促进会战略研究院院长　刘丰

　　如果用一句话来概括吴文君老师这部力作的话，我把它比作"功成身贵的人生智慧"。这本书从心灵层面解读后院、后代、后事的传承法则。而在这一切的背后，我感受的是作者对沉睡的父母深切的关怀与呼唤。

　　我不是一位合格的父亲。在儿子二十多年的成长过程中，我错过了太多宝贵的时光。真希望在二十年前我就能明白书中的道理：陪伴孩子成长是我人生的重要功课之一。若能重来，我一定做最好的父亲。

　　人生的根本意义是提升灵魂的高度，用心理学术语来说就是提升意识能量的自由度。我们一生中遇到的所有人和事，都是我们内在认知的投影。而现实中所有关系的本质，都是由投影源中的能量关系决定的。这就是通常所说的缘分。今生今世的亲情关系是最重要的缘，亲人是我们心灵提升最重要的伙伴，是我们心灵能量关系最直接的投影。因此，如何处理亲子关系是每个人最重要的研究课题。

作者以其多年的实践经验，向读者展示了"修身、齐家、治国、平天下"的古训在当今时代的重要意义，启发读者每一个生活场景中觉察人生的应用题。她倡导将亲子智慧与贵族境界连接在一起，从高维空间养育子女，从望子成龙转向供养天使，进而打破"富不过三代"的魔咒。在败家与成为贵族的选择中，作者让人们明了承担责任与使命的家族才是真正的贵族，才真正能够福荫百代；让读者领悟到留给后人最珍贵的财产是人生的大智慧。

作者用心良苦地启发读者事业传承的真谛与功成身贵的人生境界，从心灵层面传授系统的方法，让人们从内而外地学会塑美、塑贵、塑慧，从疗愈走向唤醒。

我很荣幸受文君老师之邀为本书作序，因此也成为这本好书最先的受益者。在此真诚地感谢老师的信任与启迪，也希望更多的人能从中受益。

推荐序四

爱与幸福的传承实用指南

明德互生讲师公司总裁 肖建军

生命的意义究竟是什么？幸福到底是什么？如何去寻找幸福？如何和谐家庭、传承事业？这些是每个人都要面对和思考的重大课题。

我从事教育培训行业管理十年时间，经常见到许多人很努力，结果不理想；许多企业家事业成功，而实际却生活在痛苦纠结之中，表现在夫妻情感和亲子关系上。其中一个突出的问题是当今民营企业普遍出现下一代传承艰难的问题。

春节期间，我认真拜读了吴文君老师《孩子，我拿什么留给你》这本书，我深深感受到造成这一切困扰的都是生命能量的连接和家族系统传承方面的问题。

如何处理好我与父母的关系、我与伴侣的关系、我与孩子的关系呢？在本书中，吴文君老师如是说："生命就是关系……关系的本质是你自己……关系的秘密是允许对方做他自己……若缺少尊敬和顺从的心

9

念，都是一份'我比你强'的傲慢，完全忘记了自己能拥有这一切都是因为父母生命的给予！"吴文君老师书中的文字激荡着我的心灵，我数次落泪。我对于以往对父母的不理解和所谓的"孝"深深忏悔，对生命的传承和孝道有了全新的认识。

通过这本书，你会发现想要经营好企业，首先要经营好家庭；想要经营好家庭，首先要力行孝道，与父母、祖先连接；想要教育好孩子，首先要经营好夫妻关系。你会发现一个人在家庭中跟父母、伴侣、子女互动的模式，就是他在企业里跟上级、平级、下级互动的模式。所以经营好家庭才是经营好企业的根本，家和谐了，企业自然会经营好。这正如《易经·家人卦》所谓"男女正，天地之大义也……家道正……正家而天下定矣"。《中庸》说："君子之道，造端乎夫妇，及其至也，察乎天地。"

我曾经也因为事业与家庭之间的平衡问题而苦恼，为如何经营好夫妻情感，抓好孩子教育而苦恼不已。但在关键的时刻，我夫人很幸运地遇到了吴文君老师。这要感谢我的领导玖零股份董事长林姝宏女士，通过她的引荐，我爱人杨婷跟随吴老师学习三年，成为了幸福四通道的一名导师。这三年时间，我看到了奇迹般的变化：儿子的天性开始彰显，我们夫妻的感情也越来越好。人们常说婚后会出现七年之痒，现在听说都提前到三年了。而我们结婚七周年时，感情反而更好。我夫人不仅将我这个小家庭经营得很好，而且将我们两个家族的关系处理得很好。这让我很安心，很幸福，对未来充满信心！感谢吴文君老师带给我们全家的改变，感谢吴文君老师信任我，让我为本书写序。我相信通过这本书，会让更多的人、更多的家庭幸福起来。

"至乐莫若读书，至要莫若教子。"企业家要留给子孙后代亿万家产，还是自己挣得亿万家产的精神？吴老师以其多年的实践经验，教给了我们很多落地实修的方法。相信这本书会给我们打开一扇家庭和谐、人生幸福、事业传承的智慧之窗，相信有更多的家庭、更多的企业家会因本书而改变，真切地感受爱的精神传承的幸福！

目 录
Contents

前　言

如果你只想富裕一年，你种稻谷；

如果你只想富裕十年，你就栽树；

如果你想终生富裕，你就培育人。

说起企业家，我们马上就会想起很多"高大上"的人物，比如叱咤风云的马云、地产大亨潘石屹、不断攀登高峰的王石等。这些称得上中国当代名片和标签的企业家，引领着社会经济的发展，承担着重大的社会责任，怎是我可企及的？我有何资格评头论足？

在本书里，我所说的企业家，泛指民营企业家、国有企业家、职业经理人、白领以及其他从事经济活动的创业者、工作者等，也就是我们通常所提到的"先富起来的人"或"财富精英"。这些人代表着社会财富的最先拥有者和正在创造者。当然，也包括正在创业的，即将成为企业家的精英们！

假如对"企业家"这个名词有所了解，就会知道"entrepreneur"一词是从法语借来的，其原意是指"冒险事业的经营者或组织者"。在现代企业中，企业家大体分为两类：一类是企业所有者，他们仍从事企业的经营管理工作；另一类是受雇于所有者的职业企业家。目前"企业家"一词还没有一个权威的、统一的定义。但从经济学的角度来说，企业家是勇于承担风险、积极创新的高级管理人才，实际上代表的是一种素质，而不是一种职务。

我采访过很多通过创业先富起来的企业家：当初为什么有那么大的动力开创企业？

第一种答案往往是：穷啊，不干哪里有出路？

第二种答案往往是：原来的工作没有前途，想换个方式。

第三种答案往往是：我想做自己喜欢做的事，让人生没有遗憾。

三种答案代表着三种境界，也是创业者的三种动机：生存（活下来）、生活（活得好）、生命（活得有意义有价值）。不管从哪一种境界进入，都要经历满足个体生存需要、促进企业发展、贡献社会三个发展阶段。每个阶段往往是以超负荷的付出、极大的风险、抛家舍业的艰辛为代价的。

我继续问：企业成功了，你幸福吗？家幸福吗？

　　很多企业家告诉我，刚开始就是想着拼命挣钱，以为挣到钱，有房有车，想买什么就买什么，一家人就可以过上幸福生活了。他们拼命地工作，没时间回家，把孩子托付给亲戚朋友或者幼儿园老师。两口子一起没早没晚地干，就想着等有钱就好了。这是在直接生存需求的推动下完成资本原始积累的过程，其艰辛可想而知！

　　还有企业家说，好不容易挨过了最累的时间，企业渐渐步入正轨，家里的物质条件也足够好了，却没想到麻烦也随之而来：夫妻俩总是争吵，为了钱而吵，为了双方家里的亲人而吵，为了孩子吵。当初为了孩子有更好的生活环境去创业，现在条件好了，孩子却不好了：不爱学习，养成不良习惯，学校换了一个又一个，却越来越没希望。家无宁日，回家就是受罪，还是去工作吧，眼不见心不烦。可是有时静下心来想想，自己到底是为什么，这样辛苦有什么意义？这种日子到底什么时候是个头啊？

　　一位高学历的科技企业管理者一脸无奈地对我说："求求你！帮帮我！孩子越来越不好了，二十年来我让五家濒危企业起死回生，可我不知道该怎么对待我的孩子。他一直在用刀子划自己，一直嚷着要自杀。我不知道怎么帮助他，不知道怎么做爸爸！"

　　我曾为一位富商的儿子做咨询，初中二年级的他在一所国际学校里读书，每年学费几十万。面对学习，他一脸无奈，说起爸爸时更是不屑："他？就认得钱！别跟我提他！"我找来杂志中介绍他父亲的文章说："看，你爸爸多了不起！他帮助了公司多少年轻人成家立业，改善

3

了生活环境，多少学校请他去做报告，多少学生和年轻人以他为创业成功的榜样呢！为什么你却看不起爸爸？"他听了这些，火气更大："那些都是假的！别人崇拜他，跟我有什么关系？我没有爸爸，我爸爸只爱钱，只爱公司里的人。他从来没有陪我玩过，他从来不会跟我说句肯定的话，他只会训人，只会拿钱哄我，我瞧不起他！"他连珠炮一样的发泄让我明白，这个爸爸尽管成为社会认可的企业领袖，但却没办法成为自己孩子的精神领袖。他的孩子在成长中缺失了男性榜样，将在未来经受惨痛而漫长的痛苦！而他正感受到一份揪心之痛：他这个无数人崇拜的创业领袖竟然不能帮助自己的孩子走上正路！

......

可悲可痛的是，这样的案例比比皆是！每当接触这样的案例，我都不禁思考：这些承担社会责任与特殊使命的成功者们，为什么无法面对自己的家，无法帮到自己的孩子？难道企业家真的只能有钱，与幸福擦肩而过吗？难道企业家只能遗憾地向世人宣告"家业不能两全"，独自咀嚼家庭不幸福的痛苦吗？

企业家的生活中到底发生了什么？

首先是在家与业中付出的时间精力失衡。很多人的创业史几乎就是自己孩子从小到大被忽略的成长史。因父母忙于创业，很少或几乎没有时间与孩子在一起，孩子往往就成了某种程度上的"留守儿童"。因为被忽略而产生的情感创伤就种在了心里——不安、恐惧、紧张、委屈、愤怒等相关情绪没有得到及时安抚，造成亲子间的隔膜与距离。夫妻间缺少足够的沟通和陪伴，也成为隐藏的困扰，随时可能爆发家庭冲突。

有位女企业家，孩子刚刚六个月就开始创业。为了跑业务，她只能把孩子托付给别人，东家放一天，西家放一天；或者把孩子带上，放到车里。孩子哭了闹了，她就大声地吼骂。她所有的创业压力和情绪，第一承受者就是她的儿子。这个孩子从小就特别听话，不管妈妈怎么打骂，他从不做声，还要讨妈妈的欢心。七八岁的时候，他的体重就达到了一百多斤，而且口吃。不论发生什么事儿，他只会笑。他习惯了压抑自己的情绪去讨好成人，造成内分泌紊乱；长期服用抗生素，造成过度肥胖。这严重影响了孩子的身体和心理健康。妈妈带着孩子到处寻医问药，难以治愈。这个拥有多家企业的成功女性，说起孩子总是涕泪横流。她很早就离婚了，漂亮的容颜下掩盖着无法言说的伤痛：一方面疯狂工作压抑内心的痛苦，一方面为救孩子近乎疯狂。

有人曾做过调查：绝大多数企业家在创业初期，平均每天有效陪伴孩子的时间不到 6 分钟！也就是说，在孩子出生到十八岁这一成长关键期，父母每年给予孩子的有效陪伴时间不到 28 天！算过这笔账，也许大家就明白了为什么孩子不跟父母亲近，不敢跟父母说真心话。如果说种瓜得瓜，种豆得豆，那么一年中用 27 天种下的亲子关系与用 300 多天种下的金钱关系，得到怎样的收成是可以想象的！

尽管父母们坚信自己是为了孩子在打拼，为孩子的未来而创业，然而功成名就后，父母最后悔的事情却是没有花足够的时间陪伴孩子。美国企业家迈克尔·拉泽罗（Michael Lazerow）曾经问他的所有同行们：用1亿美元换你的孩子，你愿意吗？现场没有人愿意这么做。可是当他细细数来，父母们是怎么为了金钱忽略了孩子，几乎把所有时间都出卖给了企业和金钱，而不是给自己孩子时，很多人不得不羞愧地低下了头！

美国的"钢铁大王"安德鲁·卡内基一直坚持把陪伴孩子当成硬性任务，他说："教育孩子，情感至上。因为在关爱面前，金钱就显得无能为力了。"美国安东尼·罗宾机构总裁安东尼·罗宾则是随时记录孩子的点滴成功，让"成功滋生成功"。在孩子成长的每个重要阶段，假如父母是缺席的，又怎么能随时了解、记录孩子的成功呢？

近几年，大型户外父子真人秀《爸爸去哪儿》热播。许多人在电视机前守到半夜看每周一期的节目，难道真的只是为了看明星爸爸们如何出糗、比秀？答案是否定的。"看戏如看己"，所有追戏的狂热其实满足的是人们内心渴望与父母亲密连接的需要。

这又带出企业家们存在的第二个问题：即使有时间陪伴孩子和家人，可因为不会、不懂得如何做而使关系无效。这其实是一个普遍存在的，而且几乎困扰所有人的问题，与人们的年龄、职业、性别无关。几乎所有人都是未经培训就结婚，未经培训就生育孩子。夫妻和父母这两个最重要的人生角色都未经学习就上岗，唯一可以学习借鉴的，就是自己年幼时从父母和祖辈身上学到的对待自己的方法和经验。不管这些经验是否有效，不管自己"超越父母"的意愿有多么强烈，都不得不接受这个现实：自己在不知不觉中重复父母的方式，在模仿父母当年给予自己的伤害和模式。这样的教育与生活模式无关，与财富多少无关，而且常常还会因把握不好金钱与教育的关系，诱发新问题。比如，通过给孩子钱来代替陪伴，给孩子礼物弥补自己忙碌的内疚等。这些对孩子的伤害力会更大。

有位做 IT 的企业管理者，小时候一直被父母打骂，他发誓有朝一日自己做父亲，一定要做比自己爸爸好百倍的爸爸！他在孩子不到两岁的时候就开始创业了，那时候的日子很苦很难，他带着一群年轻人在租的小房子里编程，做开发，自己到处跑去找客户。尽管这样，他每天一定要回家，一定要看到自己的儿子。他把所有的爱都给了孩子，对孩子百依百顺，直到孩子上了小学、初中，成了班级里谁都管不了的淘气大王。爸爸越来越力不从心，只好模仿自己的父亲当年所做的一切，让孩子跪瓶盖，挨皮带，直到孩子叫饶，他才会停下手来，然后自己找个地方号啕大哭。而他的孩子会在安静两天之后"故技重演"。

这位父亲来求助时，我完全看不出他已是一个颇具规模企业的老总，更看不出他博士毕业的身份，只看到一个颓丧无助的父亲。

像他一样，所有的父母都爱自己的孩子，爱自己的家。但在互联网时代，继续沿用祖辈的家教理念而完全不懂孩子的父母，只能落后于孩子；继续以吃饱穿暖满足孩子的物质需求，完全忽视孩子的精神需求，只能远离孩子；继续以"我这样是为你好""我这样做是对的"的态度来控制和改变孩子，只能造成孩子更大的对抗和叛逆。

只有本能的亲子之爱是不够的，只把孩子当成要吃要喝的小动物也是不行的，要把孩子当作一个真正的人，了解孩子成长中的心理和生理需要，了解孩子内心的真实渴望和期待，懂得有效的沟通方法，才能给予孩子有效的帮助。这样孩子才能成为自己人生方向的主导者。而父母只需做陪伴者，做一个松松地牵着缰绳的马夫，跟随马儿找到自己的家。

亲子关系是最具艺术、最独特的生命关系，其中包含了无数的智慧和技巧。只有经过系统而专业的学习，才能掌握其中奥秘，否则只能算是看管孩子的保姆、警察，与爱无关，与智慧无缘。这些实用有效的学问，近年来越来越受到企业家们的关注。他们在后悔为什么没有早点学习，为什么出了问题才来补课。

当然，不到万不得已，不会有人学习这样的课程。

因为中国人习惯了家丑不外扬，因为企业家习惯了只把最光鲜的一面展示给世人。家家有本难念的经，人们不相信会有真正的幸福家庭，更不相信幸福生活通过学习可以得来。更多的父母宁愿一掷千金，把孩子送到各种培训班补习，送到国外去镀金，期望以此改变孩子和家族的命运，弥补自己曾经的过失。但是效果如何呢？让我们看看下面几组调查数据——

先看看企业家成为自己孩子人生楷模和偶像的比例调查。中国青少年研究中心 2011 年开展的青少年偶像与榜样研究调查发现，我国青少年偶像近七成是明星，父母只占 8.3%（这些父母观念新、尊重孩子、信任孩子）。其中企业家父母所占比例最低，仅 1.9%。英国一个青少年调查发现，31.7% 的学生选择他们的父母作为最重要的"楷模"（"楷模"是指一个值得你尊重、敬仰，想追随并且以后成为他那样的人）。

再来看富二代接班和传承的问题。中国未来五至十年内，全国将有 300 多万家企业面临传承问题。传给与自己有血缘关系的子女，成为大多数第一代企业家的首选，"富二代"接班潮汹涌而来。国内权威机构和高校的联合调查却发现，目前多达 82% 的"富二代"不愿意主动接班，只有 18% 的"第二代企业家"愿意主动接班！专家发出警告：家族企业接班人问题不只是一个家族的权力更替，更是影响深远的公共事件，关系到中国社会的未来兴盛与发展前途，值得整个社会高度关注。他们必须打破"富不过三代"的魔咒！

这样的调查数字是否起到了振聋发聩的作用？每一位企业家父母都要反思：父母辛苦创业换来的到底是什么？亲子关系难道真的是个人私事吗？企业家们在完成物质财富积累，推动经济发展之后，必然要承担起精神领袖的责任，要成为创业精神和物质财富的共同传承者，同时成为幸福家庭的示范者、引领者。这是企业家义不容辞的社会责任和社会使命！不管是否情愿，企业家所经历的痛苦既是个人改变学习成长的动力，更是引领大众走向幸福的重要条件。所以学习、求助、成长、改变，都是必需的。企业家只有懂得幸福亲子关系、婚姻关系的理念与技巧，才能成为幸福家庭生活的经营者、拥有者、示范者、传播者，中国人的幸福之梦才能实现！

企业家到底要给后代传承什么？

近年来，中国人给世界的印象就是"有钱"。欧美奢侈品店惊呼"中国人来了"，采取各种防范措施；越来越多的孩子们痛斥父母"只认钱"，同时又肆意挥霍着父母的血汗钱；父母们无能为力，只能把孩子送国外读书增加贵族气质……我想是时候静下来反思了，我们接下来要怎么去传承、传承什么。中国的财富精英该如何培养他们的后代，让他们成为拥有社会荣誉感、责任、勇气、自律的社会精英呢？

最好的方法莫过于身体力行。但是"富一代"的父母不仅没有时间，也没有教育经验。他们艰难地完成了原始资本的积累后，很多人都以吃苦耐劳的老黄牛精神赢得了胜利。他们渴望传给自己孩子足够的财富，而他们的孩子也往往拥有留学背景和高学历，拥有父母积攒下来的资源。那么父母的创业精神和家族传承的精神呢？很多人会觉得这些精神已经过时了，所以在经营我们的家与企业的过程中，就会出现文化与精神上的断层，从而导致企业的没落。这是非常大的损失！

让孩子传承到家族的精神与文化，让员工传承到企业的精神与文化，发挥企业家对社会的导向作用，这是企业家必须要做的事情。

在这里，我们可以来研究一下许多人尊崇的西方贵族精神。

　　西方所崇尚的贵族精神不是暴发户精神，而是一种以荣誉、责任、勇气、自律等一系列价值为核心的先锋精神。真正的贵族精神，应该有三根重要的支柱：一是文化教养，抵御物欲主义的诱惑，不以享乐为人生目的，培育高贵的道德情操与文化精神；二是社会担当，作为社会精英，严于自律，珍惜荣誉，扶助弱势群体，担当起社会与国家的责任；三是人格灵魂，有独立的意志，在权力与金钱面前敢于说不，拥有道德的自主性，能够超越时尚与潮流，不为政治强权与多数人的意见所奴役。

　　英文里的 noble，除指贵族外，还有"出身高贵的、高尚的、伟大的、崇高的、辉煌的"等含义。无论是称谓还是内涵，贵族都必须与品德、学识、行为相符合。否则，即使其权倾天下，富可敌国，也称不上贵族。贵族拥有崇高的精神和高尚的行为。精神的贵族和所谓的富有之人应该是没有关系的。这种贵族精神不是用钱可以买来的。富与贵不是一回事。富是物质的，贵是精神的。贵族精神包括高贵的气质、宽厚的爱心、悲悯的情怀、高洁的精神、承担的勇气、坚韧的生命力、人格的尊严、人性的良知，始终恪守美德和荣誉高于一切的原则。

　　有人说，对贵族的培养至少需要四代人，因为这是一个国家文化精神的沉淀，是一个家族气质的传承。那么我们就需要从现在考虑我们要传承给孩子们什么，我们要培养什么样的人，我们要用什么方式传承！

　　当我一次次在"智慧父母、幸福课堂"中，倾听企业家们令人动容的创业分享和家庭之痛时，我用自己的心跟他们的心保持共振。我对这个特殊群体了解越多，越能感受到他们的伤痛之深、改变之切。通过他们，我感受到越来越多生命发自内心的呐喊。

多年来，我帮助许多成功的企业家跨越了他们无数个心理盲点，帮助他们脱下了成功者那件坚硬的外衣，触碰到他们内心对家庭幸福的痛点，然后唤醒了他们内心深处那些真实的期待和渴望。

由于这些深切感受的触发，我必须写这本书，为了第一代的创业者，更是为了第二代、第三代、第四代的创业者们！就像本书的编辑与我长谈后所说："吴老师，这本书非你写不可！我们找到知音了！"

最后，我衷心地希望本书可以陪伴一些企业家们创建和谐亲子关系，构建幸福家庭，传承家族文化，培养更多有社会责任感的接班人！

上篇　孩子，
我想对你说

不管多痛，多难，
是时候做出改变了。
我要让我的孩子得到力量和支持，
我不能输掉我的孩子，
我要为了我的孩子而改变！

读懂内心之痛

　　喏，是时候了，我们开始这个特殊而必要的旅程，为了你心中的幸福梦……

　　脱下你挺括的西服，换件舒适的便装，离开硕大的皮椅和豪华的办公室，跟你的助理打个招呼，告诉他接下来的一两个小时你将会关掉手机，有一段完全属于自己的时间和空间。不管他怎么想，你都会信步离开这个熟悉的工作区，也许走到公司里一个安静怡人的绿化区，或者直接离开公司，到一个不需要与任何人应酬，也没有人认得你的地方，带着勇气开始面对自己和自己的家庭生活。

　　找个安静而舒适的角落坐下来，确保在接下来一两个小时内没有人打扰你，准备好足够的饮用水和食物，准备好纸巾、一支笔、几张纸。

深吸一口气，再彻底、放松地呼出来，确保每一次呼吸都让身体得到足够的放松和自在。现在你知道这是一个安全的空间，你可以真实地面对自己，你有充分的时间让自己看清一些事实。你可以闭上眼，当然也可以一直睁着眼，直到你想彻底地休息时再闭上眼。

然后你开始看到心里关于家的画面——你好像出差很久了，终于可以回家了。带着一份欣喜的心情，你开始慢慢靠近那幢自己很得意的房子。那是你奋斗成功的象征之一。往家里走去，打开门，你会最先看到谁？你的太太或是先生，还是你的孩子？你最期望看到谁？最不希望看到谁？你会怎么对待他们？你会拥抱他们吗？你会叫他们名字吗？（整个过程中保持同时感受内心和身体的感觉。）

或者你骤然间感觉内心很烦躁，很多热切相见的想法都被这烦躁的感觉盖住了。你变得沮丧，如往常一样，很阴沉地面对每一个人，甚至一句话都不想说。你突然感觉到自己害怕回到家，害怕爱人的唠叨和告状，害怕听到孩子在学校里的糟糕表现，害怕看到父母年迈的身影，害怕又要继续与爱人讨论那个难以确定的话题——孩子到底要不要送去寄宿学校？而这时孩子跑过来，拿出考卷，只有 65 分。他说老师一定要你签字，并且要求你明天一定要去学校见老师……你突然感觉自己很累很烦，那种渴望回家休息放松的期待被这一切击得粉碎。你突然觉得自己好孤单，好可怜，你甚至开始怀疑自己，一直这么东奔西跑，这么奔波到底是为了什么，难道真的要面对这些没完没了的麻烦吗？你很无助，不知道该怎么去处理这些烦心事。你不想再去打骂孩子了，你知道

孩子很无辜；你也不想再跟爱人吵了，你知道吵也没用；你甚至都没有力气再去跟父母解释，你有多忙多累，顾不上照顾他们，

就在这时，手机响了，是你的助手打来的，你像抓到了救星，马上抓起公文包，说"公司里有事，我得赶紧去"，然后逃也似的冲出家门，不管家人怎样劝你先吃过饭再走。你心里的声音是：先逃过这一劫再说吧！受不了了！

直到来到街上，你长出了一口气，然后漫无目的地在街上流浪。也许最后走进某家酒店，也许约了某个朋友出来喝酒打牌，也许你想来想去找不到好的去处，最后还是回到公司，躲在那个熟悉的办公室里睡上一觉，等家人都睡了以后再回去。你看不见那些烦心事，心里总归舒服些……

假如你看到的就是这样熟悉的场景，你内心会有怎样的感觉呢？你的身体会有怎样的感受呢？也许你有些抗拒，不想再进行下去？不！亲爱的，今天我们变个方式，带一点勇气，在这个状态中多待一会儿，去面对自己内心的烦躁与无力，看一看这些感觉在你身体的哪个部分。它们在心里，还是在胃里，或者是在喉咙里？看看它们是什么颜色，什么大小，可以用什么东西来形容。找到它，跟它连接。看着它的变化，看看除了烦躁、无力还有什么感觉。有愤怒吗？有失望吗？担心、挫败、委屈、怨恨？或者还有恐惧、内疚与自责？这一切是不是都有？搅成一团，乱乱的？

打开情绪的五味瓶吧，带着勇气和耐心，在这个安静、安全的空间里，在今天这个特殊的时刻，让我陪着你。看一看这一切最坏的可能是什么，会有怎样的发现；看一看这会是一个多么奇妙的过程。

你知道，改变从今天开始了！

现在慢慢地睁开眼睛。尽管刚才过程中所有的发现都会让你有些不舒服，有些尴尬，但你还是带着勇气经历了这个过程。把你想要说的记在这里吧。

你听到自己内心有个声音说："不管多痛、多难，我都要换个方法了，我不想做一个让外人羡慕、家人失望的成功者。我要让我的孩子得到我的力量和支持，我不能输掉我的孩子，我要为了我的孩子而改变！"

这个动力足够大，大到你愿意奋力一搏了！那么请你继续下去，放心，我陪着你……

你睁开眼睛，看到面前的一张问卷，是测试父母与孩子关系现状的问卷。带着改变的动力，你开始回答这张问卷。

你与孩子关系的现状测试

孩子姓名：_____   孩子年龄：_____   孩子生日：_____

1. 孩子最喜欢的三本书：_____

2. 孩子最喜欢的三个玩具：_____

3. 孩子最喜欢的三个游戏：_____

4. 孩子最喜欢的三种食物：_____

5. 孩子最喜欢穿的三件衣服：_____

6. 孩子最喜欢听你说的三句话：_____

7. 孩子最不喜欢听你说的三句话：_____

8. 孩子从小到大最难忘的三件事：_____

9. 孩子最喜欢你对待他的方式：_____

10. 孩子未来的梦想是：_____

11. 你在怎样说、怎样做帮助孩子实现梦想？

12. 你每天与孩子在一起的黄金时间①是几分钟？

你需要多少时间来完成这份调查测试？二十分钟，还是一个小时？当你回答这份问卷时，是洋洋洒洒地快速写出，还是冥思苦想都写

---

① 亲子黄金时间指亲子互相享受相处的时光，没有指责和批评，不需要花钱或只需要花很少的钱，共同创造相处乐趣。

不出？再给你多少时间，你可以写出答案？

假如你认为自己答出了正确的答案，把答案给你的孩子看看，他会给你打几分？你写出的答案到底是你以为的，还是真正符合孩子实际情况的答案呢？

这份问卷帮你了解自己作为孩子爸爸妈妈的分数。你在面对那些空白的答案时，内心是怎样的感受，身体是怎样的感觉？

亲爱的，考验又来了，不要跑，跟这些感觉在一起，问问自己："作为父母，我面对孩子的成长问卷时，我的感觉是什么？"

我猜，你现在已经开始有泪水在眼里打转了，你感受到内心五味杂陈，有那么多声音在对话了："我真笨！现在才发现自己根本不了解孩子，我这个当父母的真对不起他。可是我当时也是没办法，我那样做还不是为了他好，想给他好的生活环境，不想让他和我们一样受穷？别人家的父母还不如我呢，为什么人家的孩子那么有出息……"

别让这些对话打断你的情绪，这些对话帮不了你，它们在帮你找退路、找借口，像以往一样。但是，今天我们不再需要借口了，我们一定要面对和改变。所以我们要牢牢抓住这些情绪，逐一去分析、解读、安抚，通过它们看到我们内心之痛，然后寻找改变的路径。

第一节　面对我的孩子，我很内疚

——你需要我时我在赚钱；我想给你爱时，你却只需要钱。

案例一

有一位父亲，常年忙于工作，在外打拼，难得与孩子见面，偶尔回到家里，也是早出晚归。孩子一天天长大，父亲根本没时间去开家长会，也从来没有接送过孩子。孩子偶尔流露出对其他同学有爸爸接送的羡慕。父亲听到，心里总不是滋味，暗下决心，一定要找个时间去接孩子一次。

直到有一天，他从外地出差回来，特意推掉了应酬，下午早早等在孩子的学校门外，想给孩子一个惊喜。可是他等了半天，也没有等来孩子，气冲冲地回到家里，想找这个逃学的孩子算账。孩子不在家，他更光火了，准备好皮带、绳子，等孩子一回到家，就劈头盖脸打了下去，一边打一边骂："你这个没出息的家伙，你老爸这么辛苦地在外挣钱，你却逃学，你让我太失望了！"孩子哭着反抗着，惹得他下手更重。直到他打得累了，内心那股气消失了才停止。孩子满身伤痕，哀哀地哭泣。

晚上，孩子妈妈回来，知道了事情原委，说不相信孩子会逃学，因为孩子上初中以来学习很好，不可能逃学。爸爸听了，忙问："他上初中了？不在原来的小学读书了？我到他的小学去接他了。"孩子听到爸爸这样说，突然破涕为笑："爸爸，你去学校接我了？你真的去学校接我了？唉，你怎么不早告诉我，早知道我就把我小学、初中的同学都带到学校门口去了，让他们看看你。我要让他们相信我也是有爸爸爱的孩子，让他们相信我爸爸是成功的企业家！"

这时，爸爸已经晕了，他问孩子："你是说，你已经上初中了？"

孩子说："爸爸，我小学毕业都两年了，我现在都上初二了！"

当爸爸在课堂上讲这件事时，他再也忍不住内心的愧疚，捂着脸哭起来！

案例二

一个男孩上小学四年级，暑假前，老师留了一个作文题目：我和爸爸的星期天。爸爸每天都很忙，早出晚归，孩子难得见到爸爸，所以这个作业总是无法完成。

有天爸爸很晚回家，看到孩子还等在客厅里，就催促孩子早点睡觉。孩子对爸爸说："明天是星期天，你陪我好不好，老师让写作文。"爸爸说："没时间！明天约了客户吃饭，要签约挣钱。"孩子问爸爸："爸爸，你一天可以赚多少钱？"爸爸随口说："我一天可以挣三百元。"

孩子听了爸爸的话，想了想，又说："爸爸你可不可以给我一点零花钱？"爸爸听了，觉得自己不能陪孩子，心里有些不安，二话不说，就从口袋里掏出了几十元给孩子。此后连续几个周六的晚上，孩子都会故技重演，很晚还等在客厅里，跟爸爸要零花钱。

直到有天晚上，孩子又跟爸爸要零花钱，爸爸开始责问他怎么最近老要零花钱。孩子听了爸爸的话，跑回自己房间，抱了存钱的储蓄罐，放在爸爸面前，急切地把里面的钱全部倒出来，数给爸爸看："爸爸，再给我五十块，我就有三百块钱了！我用这三百块钱买你明天陪我过星期天，好不好？暑假马上就结束了，你再不陪我，我就写不完那个作文了！"

我常常在课堂里讲这个故事，每次都让很多父母落泪。因为这个故事触动到父母们内心深处对孩子的爱与痛了。他们听到了自己孩子的呼唤，感受到自己内心深处对孩子的内疚。课堂里弥漫着低沉和压抑的能量。

我让他们体会这份内疚，尽管痛，但这是真实的能量，是父母开始脱下成功者的外衣，愿意面对内心伤痛的能量。我让父母们诉说，他们以往用怎样的方式去弥补这份内疚。

有的说："我会给孩子钱花，带孩子去吃肯德基，买很多玩具；我会给孩子请最好的家教老师，让他上贵族学校，享受最富有的教育；我会给孩子存一大笔钱，让他到国外去读书，不管他要什么，我都会满足他。我挣钱就是为了他，小时候没有好好照顾他，只能用挣的钱去满足他了……"

　　"那么，这样做有效吗？孩子的学习成绩好吗？你与孩子的关系好吗？"我轻轻地问。

　　"没有啊！他不争气，不努力，不自信，他一点都不理解我，他很自私……"回答变得异口同声，情绪又从内疚转为了愤怒、抱怨、失望。受害的父母们又开始数落孩子的种种不是。

　　此时，我让父母们停下来，去跟内疚在一起。

　　内疚这种情绪与惭愧、遗憾两种情绪相近，都是指以为已经完结的事里尚有未完结的部分。其深层是一种付出与收取不平衡的感觉，这份感觉会在潜意识中推动人去弥补，以求得平衡。

　　觉察到内疚，内疚就可以变成一种指引我们改变方向的力量。这种力量推动自己在当下把未完结的部分完成，实现一种能量的平衡。

　　所以不要逃离你的内疚，内疚是推动我们改变的情绪力量。只要能面对自己的内疚，总会改变你的生活方向。

　　然而没有觉察的内疚，会形成不平衡的动力，从而让人产生一种潜藏的罪恶感，下意识地以各种方式去做无效的补偿，以期达到内心的平衡。比如，父母在孩子小时候没有给予足够的陪伴，现在以物质满足他，或者低声下气地讨好。然而当父母内心对孩子充满歉疚时，总会采取各种自己以为合适的方式去弥补，寻找内心的平衡，事实上并无效果。

　　有位母亲为了创业把才几岁的孩子托付给父母。到孩子十岁回来之后，她就把孩子当成小孩子哄，替孩子喂饭穿衣，帮孩子写作业。这样做的结果是：孩子非常容易愤怒，同时又在言行中表现得过于幼稚。

母亲一方面百般呵护，一方面到处哭诉孩子不懂事。

可是未经训练、无人觉察的内疚会让人执着于过去，错失每一个飞逝的当下，不断重复"错过—不平衡—弥补—再错过—更加不平衡"的无效循环怪圈。很多人不知不觉地活在内疚中，把自己困在过去。这样做于事无补、于人无益，影响到自己与周围亲友的关系，甚至出现身体某部位的疼痛、瘙痒等症状，表现出内心的罪恶感，从而惩罚自己。这样的人生令人非常遗憾。

个案一

一位父亲在大女儿出生后的八年里经常在外面奔波做生意，孩子跟着妈妈长大。妈妈每天上班，忙得顾不上孩子，女孩变得内向胆小。父母在自己事业基本稳定后，又生了个男孩。女儿这时正上初二，学习成绩下降，情绪易躁。父母经过咨询和学习，了解到当年对女儿的忽略在她心中留下了创伤。父母开始弥补当年缺失的陪伴，他们带着内疚的心情，每天观察女儿的脸色，一有机会就跟女儿谈学习和未来。女儿变得更加沉郁，还多了一个难治的毛病：在外地读书的她，经常会突然头痛呕吐，医院查不出来是什么问题。父母每次驱车几小时，把孩子接回家，什么病症都没有了，跟弟弟玩得很开心。一个月折腾五六次，搞得全家心神不定。

当女孩来见我时，她说："我是为了爸妈和弟弟而活着的。"每次考试前这个现象就非常严重。她说每次考不好，都会非常内疚，觉得对不起他们三个。"我们家就是这样，爸妈对我有内疚，我对他们有内疚。弟弟现在小，还挺开心，我经常想他要是不长大，该有多好。"

个案二

一个十六岁的女孩被父母送到国外读书。她在外面一年花掉近百万元。每日与同学吃喝玩乐，对父母的要求是：把钱打给我就行，不要跟我提要求！

她因为挂科被学校劝退回国，父母完全无法与她沟通。当我指出母亲对孩子有很深的内疚时，母亲开始流泪，诉说自己当年多么无知，以为小孩子只要给吃喝就好了，把她寄养在保姆家，自己在外面创业。直到孩子上初中后不能正常完成学业，她才把孩子接回家，但已无法与孩子有效沟通。换学校，甚至送贵族寄宿学校都无效，父母又想出最后一招，不惜花重金把孩子送出国去，期待国外的教育会改变孩子。

妈妈不停地说："都是我错啊，我对不起她，是我害了她！"孩子面对妈妈的哭诉毫不动容，反倒非常不耐烦地冲妈妈吼："哭什么哭？你就认得钱！当我需要你时，你在挣钱；当我遇到困难时，你只会给我钱，把我赶到寄宿学校去，把我扔到国外去。既然你们用钱来爱我，那我把钱花完就是接受你们的爱了！还有什么哭的？你们太自私了，你们想挣钱时，就扔下我不管；你们良心发现了，就来哄我。什么都按照你们的想法做，你们考虑过我的感受吗？你们知道我需要什么吗？"

面对女儿的指责，母亲已被内疚完全打垮，甚至跪下来求女儿原谅，却遭到女儿更多的白眼。

有效地面对和处理内疚情绪的方法首先是**觉察自己的内疚。这份内疚**对谁？有几分（1~10分，10分最高）？这份内疚在身体的哪个部分？用什么颜色、形状、大小来形容？

　　面对自己的内疚，做出有效的补偿。找到自己内疚的对象，在心里面对他或者直视他的眼睛，坦白地说出：因为在过去我不会（或没有）做，所以我对你一直有内疚。过去我不懂得如何面对这份内疚，现在我开始坦然地面对你，说出我的内疚。我感觉坦然了，我想以你的名义做些好事，请你告诉我，你需要我做些什么，怎么做？假如对方不在世或不在对面，就请自己的潜意识给自己一个答案，怎样以对方的名义做些有意义的好事，让自己内心可以感觉到平衡。找到答案了，也可以说出来告诉想象中的对方。然后回到生活中确定安排时间去做完这些事，不可开空头支票。一般到此时，内疚就转化为有意义的行动，就可以放下了。

　　以上一个案为例，我请母亲站起来，站在女儿面前。我让她擦干眼泪，看着女儿的眼睛，引导她说："尽管我有很多内疚，我仍然是你的母亲，是你唯一的、最有资格的母亲。我比你大，你比我小，我和爸爸把你生下来，给了你生命，也给了当初我们能给的最好的一切。我们没有给你的，是因为我们当初不会、没有的。因为我对你有内疚，我开始不断求助，不断学习，期望通过学习有效的沟通方式，能够在你未来的人生中给你所需要的帮助。孩子，我以妈妈的身份对我以往的行为说抱歉，同时我以妈妈的身份征求你的意见：现在我可以为你做些什么？什么是你真正需要的？"

妈妈越说越平静，越有力量，站在女儿面前好像高大了很多。而对面女儿的火气似乎也消了不少，开始专注而认真地看着妈妈，那神情就好像第一次认识，第一次看到妈妈一样。直到妈妈说完，孩子眼中充满了泪水，母女俩十几年来第一次相拥在一起，有了真正的连接！

此情此景，会让所有人为之动容。只有面对内疚，才会有真正爱的流动！

所以，各位父母，不管你过去对孩子和亲人做了什么，请不要让内疚压垮你，请不要活在无效的内疚里，尤其不要忘记你身为父母的身份，不要对你的孩子说对不起。你永远都有资格站在学习和成长的路上，对你的孩子说："我爱你！我会继续学习以更有效的方式爱你，给你目前所需要的！我愿意放下内疚看到现在的你，爱现在的你！"

每当这时，总会看到父母重拾力量。不管多么骄横跋扈的孩子，听到父母这些话，都好像突然清醒了一样，从乖张傲慢的状态中恢复正常，变成乖小孩，愿意听从父母的安排。这瞬间的形势逆转往往会带来奇迹的改变，令父母和孩子都感觉不可思议，曾经十几年的恩怨好像全都消散。

孩子事后说道："不知道为什么，爸妈那么说，我好像一下子就安静了，心里有声音说就应该是这样——爸妈，当你们有力量时，我感觉踏实了，知道自己是谁了。你们不欠我什么，你们有力量了，我就好了！以前你们越迁就我，讨好我，我就越烦，越愤怒，恨得不得了。现在却好像有依靠一样，很平静，感觉很好！我愿意看你们，愿意走近你们了！"

父母们也常在这样的沟通之后感觉非常美妙："自己好像一下子就站得稳了，有力量了，不再像以前总觉得欠他的，总得小心翼翼地看他的脸色。现在觉得我底气很足，我不爱他谁爱他？他就是我的孩子，我就可以这样直接跟他沟通，这感觉太爽了！"

这么神奇的效果，你不想试试吗？

你就让自己坐下来，看着你的孩子，放下你的歉疚，做回最有资格的爸爸妈妈吧！

关于内疚

一只母鸡和一只公鸡，生了一大群小鸡。它们为了喂养自己的孩子，每天都跑出去捉虫。孩子太多了，它们无论怎么努力，都不能照顾到所有的孩子。所以当麻雀妈妈来到家里想帮忙喂养孩子时，它们将几个孩子托付给了麻雀妈妈；当花鹅大婶想来帮忙时，它们也把其余的孩子托付给她，自己跑到很远的地方去捉虫。

鸡妈妈离开家后，每一天都后悔不已。她万分自责，非常心疼自己的孩子，它跟鸡爸爸商量一定要回去照顾孩子们，鸡爸爸无论怎么劝说，也不能阻止它，只好由它先回家去。

鸡妈妈跟跟跄跄地跑到麻雀阿姨家、花鹅大婶家，把自己的孩子都领回了家。它总觉得孩子饿瘦了，变丑了，怎么看都不对，就把孩子们都关在家里，小心呵护，不让它们受一点儿委屈。孩子们在家里衣食无忧，鸡妈妈却越来越辛苦，它无论怎么忙也顾不过来一大群孩子。并且随着孩子们长大胃口越来越大，鸡妈妈实在太累，很快就病倒了。可它不理孩子们想出去自己觅食的请求，更不听邻居们的劝说，坚持拖着病重的身体去觅食，直到完全动不了为止。孩子们饿坏了，围着妈妈吵成一团，它们甚至不知道怎么觅食，到哪里觅食。鸡妈妈心里着急，病

17

得更重了，躺在家里动弹不得，只能跟着孩子们一起落泪挨饿。

就在这时，鸡爸爸拖着一大袋食物回来了。帮孩子们暂时填饱了肚子之后，鸡爸爸把孩子们叫到一起，告诉他们：从今天开始，爸爸要教你们自己去找食吃，不管你们是否愿意！孩子们被爸爸的威力吓住，乖乖地跟在爸爸身后去学本领。终于，它们都为自己找到了食物，发出了欢快的笑声。

鸡妈妈到这时才明白：教给孩子们活下去的本领，才是给予孩子的最好的爱。当它放下心病走出家门时，看到了各自欢快觅食的孩子们。

第二节　这孩子，让我如此失望

案例一

十三岁的女孩被爸爸妈妈带到咨询室来，左臂上清晰可见一道道刀痕。爸爸头发花白，妈妈穿着时尚。三个人之间的气氛很尴尬。

父母是为孩子来的，他们自己有企业，但是最近被孩子的事搞得焦头烂额。女儿在学校早恋，不读书。父母一说她，她就用刀划自己的手臂，还声明早晚有一天会离家出走或者自杀。

父母无法掩饰他们的失望，就当着孩子的面问我："你说我们这么辛苦是为了啥？我们还能怎么做？怎么养了这么一个没用的孩子？早知道我们就不生她了！当时创业不管多累，我们都把她带在身边，让她吃最好的，穿最好的，给她请最好的老师。谁知道她现在居然成了这个样子？我们真的苦死了，苦死了啊！"

他们对女儿彻底失望了，也因此对自己做父母彻底失望了。

女孩子就那样一脸无谓地坐在椅子上，东张西望，那神情与父母的沮丧不同，但我懂得：再听多些这些话，她也会对自己彻底失望，对父母彻底失望的。

案例二

这位来自广东的老板，穿得很时尚，一口浓重的粤语普通话讲得很慢。他是朋友介绍来的，也是为孩子而来。他有三个孩子，两男一女，分别是十八岁、八岁和两岁。我好奇他怎么生这么多孩子，他一脸无奈摇着头："还不是没办法啦！生了一个没出息，失望了，就想再生一个好了。结果这个又不爱学习，就再生。可是现在发现三个更麻烦啦，想想都害怕了，将来可怎么办呢？"

这又是一个对孩子失望的父亲。他诉说自己做爸爸的辛苦：第一个孩子小的时候，他正值创业。夫妻俩顾不上照顾孩子，只能托给老师，每个月都给足够的钱让老师对他好一点。直到孩子上了小学，才发现孩子一点也不爱学习，而且有多动症。老师每天告状，搞得夫妻俩很烦。这时生活条件好了，就商量着再生一个吧，自己一定好好养，从头来过。老二生下来，就成了全家的宝贝，妈妈辞了工作每天精心照顾他，还请了保姆、高级育婴师，一群人围着孩子转。可是这样高代价培养出来的孩子，脾气暴躁，根本不听话，也让老师头疼。学期末，老师提出委婉的要求：我们这个学校条件太差，能不能给他找个更好的学校？下个学期我们班的座位满了。

爸爸说："我创业时那么难都没发愁过，可是现在我真的有点走投无路了，不知道该怎么办，到底该怎么教育才好。我这个当爹的，太没出息了！我对不起父母，对不起我的祖宗啊！"

他在极度的失望中，找不到两个孩子的一点优点，也找不出自己和太太的一点长处。最可怕的是，他同时在恐惧第三个孩子到底要怎么教育，应该严还是松，应该穷养还是富养。当他问及教育一个孩子的标准答案时，我知道他已完全乱了方寸。

你对谁失望呢？是孩子、爱人、父母、员工，还是社会？为什么会对他们失望？也许你会说，因为他们没有按照我所期望的去做，我控制的意愿落空。

当你身边的人让你失望时，感受一下你自己的沮丧，是不是因为遇到这些让你失望的人，你对自己也很失望？你不接受自己怎么会遇到这样一些让你失望的人。所以失望一般分为两种：对他人的和对自己的。对他人失望的深层也常常会转化为对自己的失望。对自己的失望是因为不接受自己，对他人的失望是因为不接受他人，所以失望的深层含义就是对已经存在的抗拒。

失望是指引方向的情绪，即让当事人把自己的力量从抗拒已经存在的事实转到接受当下的别人和自己这个方向上来。

失望是在提醒我们，我现在不接受外界的某些人事物，我在抗拒发生的。这是一种非理性的状态，因为每个人不可以改变已经存在的人事物，他只能做三件事：一是让自己改变；二是让自己主动做些事情，使得对方想改变；三是为自己安排，即使对方不改变，也不影响自己的成功快乐。所以觉察到失望，也是收到一份提醒的礼物：此刻我要接受外界的一切和我自己！

没有觉察的失望情绪往往会蓄积巨大的抗拒力量，这力量会以对他人控制、改变的方式出现，往往会伴随愤怒、失败、羞耻、生气等复杂的综合情绪，常因控制改变无效而陷入新一轮更深的失望甚至绝望中。这样形成一个恶性循环，最后只能是伤己、伤人，不能自拔，不仅影响自己与他人的关系，也会影响自己的身体健康。这种情绪在身体上的表现为肾脏问题。

未经训练和没有觉察的失望情绪，往往会把注意力放在对外界人事物的控制、改变和对自己的否定中。当外界越难控制时，自己的失望越深，最终走向深层的自我否定，这就是绝望。这又是让自己断掉与外界连接的抑郁状态。若再加上一两根让人失望的稻草，就可能催发轻生、猝死，诱发突发事故等恶性事件。长期积累，会引发各种心理疾病，危害身心健康。

个案一

一位四十多岁的外企职业经理人，最近与上司发生了冲突。在往来邮件中，他表达了自己对公司上层领导的不满和对企业未来发展的失望，但并未得到他期望的回复和关注。此时他自己的父母在闹离婚，孩子学习出现了问题，跟太太的沟通也不顺畅。他在请假一个星期之后的某一天，自己找了个安静的工地，结束了自己的生命。

个案二

一个职业高中三年级的女生，本来计划半年后到父亲的纺织企业里去实习，但突然间离家出走了。一个星期之后父母找到她，她说去自己钟情的老师的母校了。她说自己想要知道老师是在怎样的学校读书，跟老师的母校告个别，然后就准备离开这个世界了。

当父母把她带到咨询室时，我仍能感受到她的恍惚。我好奇她为什么会如此爱自己的老师。她说："只有他最懂我了。我对我的父母彻底失望了。他们只给我钱，根本不懂我，根本不知道我要什么。我成绩好的时候他们不予以肯定，我痛苦的时候他们不在身边。这时候只有老师陪在我身边，安慰我。我爱老师，可是老师说他不爱我，他有了自己的家和孩子。我爸让我去厂里打工，这样就再也不能看到老师了，那我真的没有活下去的勇气了。我就想去看看老师读书的学校，然后自己去流浪或者自杀算了。"父母跟她一起流泪，同时爸爸狠狠地骂她："你这没良心的！我们这么苦还不是为了你，你竟然说为了老师活着，伤心啊！"女孩不停地喃喃自语："失望了，失望了……"那茫然的眼神好像再也看不到一点生机。

失望是我们常常要面对的情绪问题。个案中的主人公以比较消极的方式处理失望的情绪，险些酿成悲剧。

有效处理失望情绪的方法首先是要觉察自己的失望。当情绪低落时，问自己：此刻我的感觉是什么？有失望吗？这份失望的情绪在身体的哪个部分？是什么颜色？什么形状？有多大？用自然界中的什么物品可以形容？这份失望是因谁而起的？我对谁失望？我期望他们怎么样？将这些逐一写出来。这份失望主要是对自己吗？对自己的哪些地方感到失望？我期望自己怎么样？

假如是对他人的失望，问一问自己：按他们现有的能力，你的期望他们能做到吗？你能够改变他们吗？既然你不能改变别人，那你该如何改变自己？能不能把所有失望带来的阻碍能量变成自我改变的力量？

问一问自己：我对他人有托付心理吗？我希望他人按我的想法去做吗？我希望孩子、父母、爱人成为我期望的样子吗？他们能成为我希望的样子吗？我希望他们成为我所期待的，到底是为了他们还是为了我自己？

也许你早就给孩子安排了一条路，但这条路适合他吗？你希望他接你的班，学你希望他学的专业，但你知道他喜欢什么专业，最适合他的是什么吗？你的人生经验只适合你自己，不一定可以包办孩子的未来。你能确认他未来几十年后的社会是怎么样吗？怎么确定按你希望的方式生活一定适合他呢？

又或者你要改变自己的哪些做法？过去你如何对待让你失望的人？这样的做法有效吗？你还有新的方法吗？假如可以学到新的方法，你愿意吗？

不要停下来，让自己静静地完成这些思考，直到你发现自己也许唯一可以做的就是接受所发生的一切。每个人每件事情的发生都是曾经的种子因缘和合而成，都是应该如此的。唯有接受这一切，才能在此基础上种下不同的种子，让未来不会再见到这样的结果。

假如是对自己的失望，最简单的方式就是接受自己。用右手按在自己左胸，对自己说："我深深地、完全地爱和接纳我自己，即使我现在还<u>不完美</u>（这里横线以上可以根据自己不接受自己的方面修改，如我现在还不接受自己、我还不知道怎么处理失望情绪、我不爱自己等等）。"然后用左手按自己的右胸，对自己说："我不完美，但我的明天会更好。"就这样一左一右地安抚自己，直到感觉内在充满自信和力量为止。

对个案二，我是这样引导亲子改变的：

我先与父亲沟通，让他看到其中的因果联系。因为父母把99%的时间用在工作上，只给了孩子1%的时间，并且这1%的可怜时间里因为父母完全不懂得教育孩子的方法和技巧，所以他们没办法把孩子培养成自己所期望的样子。他们必须接受这样的事实。

他发自内心地对孩子说："我对你很失望，我也对自己做爸爸很失望。"他突然感觉到自己内心积压的巨大负担好像放下了，轻松了，就是这么回事。然后我引导他对女儿说："尽管我对自己和你都很失望，我还是你唯一的最好的爸爸，我和妈妈给了你能够给的一切，我们把生命传给了你，把一切力量、支持与爱传给了你。现在我们要开始学习跟你沟通的有效方法和技巧，我们愿意尽最大的努力支持你，同时相信你也能照顾好自己。当我可以面对失望之后，我可以说出来我对你的爱。孩子，我爱你！"父亲说完这些之后，感觉轻松的同时也感觉到力量，也愿意看孩子了。

当父母有了变化之后，我也引导孩子面对父母："爸爸妈妈，我看到了你们，我现在终于可以感觉到你们的存在。和你们一样，我对你们失望，我更对自己失望。我觉得自己对不起你们，不能成为你们希望的那样，我情愿放弃自己。现在我愿意把这些说出来，爸爸妈妈对不起，我需要你们的爱！"当女孩子说完这些时，抱住父亲大哭。

激烈的情绪宣泄之后，一家人终于可以坐在一起好好交流了。爸爸妈妈开始学习询问女儿最希望未来怎样安排生活，女儿开始诉说她希望父母怎么帮助她理清迷茫的职业规划。这个过程虽然艰难，但是终于有了沟通，是放下失望、指责等情绪之后真正平静的沟通。我们看到亲子之爱的流动了。

关于失望

一只蟹妈妈养了一群蟹宝宝。它不希望自己的孩子再像自己一样总绕着弯走路，就想训练孩子们直奔目标的能力。

它把一群宝宝领到海岸边，给它们讲了一大堆直奔目标的好处和道理，说自己一辈子就吃了这个亏，无论做什么总是比其他动物慢很多。它对孩子提出了极高的期望，希望它们能像那些飞快游动的鱼儿，直奔目的地，所以让孩子们一定要好好练习。孩子们听了都跃跃欲试，可是忙了半天，都无法做到，还是绕了圈子，在海滩上横着爬来爬去。蟹妈妈看了非常生气，开始训斥这些孩子，并放话：若不听话，它就再也不要它们了。

妈妈说得口沫横飞，孩子们听得胆战心惊。没有孩子敢再去尝试，它们呆呆地趴在那里一动不动。妈妈更生气了，它踢着喊着，想推孩子们出去练习，就是没有一个动。

一只最小的蟹儿是妈妈最宠爱的，看妈妈如此生气，就怯怯地小声说："妈妈，你不要生气了。我们知道你是为我们好，可是我们不知道怎么做得到，从来没有看到直走的蟹，你能给我们示范下吗？"

妈妈听了，觉得孩子说得有道理，就说："好的，现在我就示范给

27

你们看，看好了！"

蟹妈妈用足了全身的力气，头向着前方，照直爬了过去！孩子们大声为妈妈加油喝彩。可是爬着爬着，它听到孩子们的声音弱了，有了骚动。它低头一看，自己也横着爬了一个大大的圆，差不多又回到了原地！蟹妈妈羞愧得以头撞地，再也没有了声音。

第三节　我做的这一切，都是为了孩子

——我为你做了这么多，你却离我越来越远。

案例一

一个六十多岁的阿姨，退休之后帮儿子带孙子。儿子每天忙事业，顾不上回家。阿姨把还在工作的老伴扔在家里，自己住到儿子家，做饭洗衣看孩子，每天忙个不停。虽然累，可看到儿子一家过得和和美美，她也心满意足了。

可是当孙子上了幼儿园，老师每天都告状，说孩子好动，习惯不好，不爱说话，不合群。奶奶听了这些话总是不开心，就嚷着给孙子换幼儿园。儿媳总是被老师教训，当然也不满意，就跟先生嘀咕都是奶奶宠坏了孙子，才让孩子有了这些毛病。先生自然要护着母亲，说是太太平时不管孩子，都扔给老妈管，现在出了问题了，全怪在老妈身上也不合理。太太本来焦虑，现在又被先生训，自然更不满意，难免在言语中对老人不敬。老人家忍了多年的辛苦现在终于爆发了，她一边骂一边数落自己命苦，说儿子不孝没能耐，让自己像仆人一样不被尊重，非常委屈。先生看到老妈难过，训了太太。太太也一肚子委屈，说自己在家里没地位，什么都是奶奶说了算，什么都不让自己干，自己很可怜。现在孩子出了问题了，将来可怎么办。太太委屈得跑回娘家诉苦。先生夹在婆媳之间，眼看着孩子在幼儿园里越来越多的问题，家里又乱成一团，自己更是一肚子委屈无处诉，到底如何是好？

案例二

　　李女士最近遇到了非常大的困扰。她的女儿刚刚考上大学，在南京读书。虽然南京到家的快车只要几个小时，可是李女士每天都难以入睡。她一方面放不下刚离家的女儿，一方面跟老公相处让她非常痛苦。她总觉得老公不理解自己，结婚二十多年，老公好像从来都不懂自己的心思。过去因为照顾女儿，注意力都在女儿身上，矛盾还没有激化。现在两个人每天面对面地接触，感受着老公对自己的冷落，感受着自己内心的委屈每时每刻地增长，时时刻刻都像要爆发的火山。只要有一些刺激到她，就会发作很久。老公说她是更年期，惹不起还躲不起吗，于是找了个出差机会到外地待了几个月。李女士一个人在家，每天以泪洗面，日子好像难受得过不下去了。

　　闺密劝她去旅游，可是她回来以后还是难受。她去健身、美容，找人诉说，可是回到家里还是没办法理顺情绪，用她自己的话来说，"真觉得自己跟有病似的，但就是控制不了，就是觉得自己倍可怜"。

　　李女士和老阿姨一家，都掉在委屈的情绪旋涡里了。委屈这种情绪虽然普遍地存在于人们的生活中，但是人们很少细细地研究这种情绪到底是怎么来的，有什么意义和价值。现在就让我们好好地进入这份情绪，解读它。

委屈的情绪往往出现在小孩子身上。当父母没有满足小孩子的需要时，小孩子就会委屈，认为自己不够好，自己没有资格得到爱。如果带着这种情绪长大，人就会在与他人互动时不知不觉感受到委屈的情绪。这份情绪一出现，反映的就是心理上退到小孩子状态的信号，其深层含义就是把自己放在低位，把对方投射成高高在上的父母，认为对方有操控自己的权力。

在这个世界上，只有孩子才会觉得什么都是他该得到的，而且不管多少、什么时候要，父母都有责任满足他。而心理成熟的人知道，满足自己的需要是自己的责任，对方没有责任给我什么，并且这里得不到的，我可以在别的地方得到。

与委屈相伴的深层状态往往像是没有成长的小孩子和受害者。沉浸在委屈中的人的心理话外音是"我抗拒长大，不愿意负责任"，与抱怨、指责、放弃、逃离等情绪状态相伴随。

委屈这种情绪特点非常鲜明，作用也非常突出。一旦发现有这种情绪，你就应该有所警惕，问一问自己：我现在几岁？真的是小孩子吗？对方是谁？他真是决定和控制我的父母吗？假如有此一问，就是解决问题的先兆。让自己回到成人的状态，放下对对方的期待就是成长，就可以承担自己的生命责任！

没有觉察到的委屈往往让自己停留在受害的小孩子状态，感觉自己的人生被其他人控制，因此一边抱怨、指责，一边让自己不承担责任，不愿长大。在这种情绪状态中的人有受害者倾向，总是把错误源头指向别人，推卸责任。

有些父母教育小孩子时，是这样引导的。孩子摔倒了，就打磕着孩子的地面说"都是你不好，碰了我们宝宝"；孩子学习成绩不好，就会怪老师教得不好，学校环境不好。而身边很多成年人，在抱怨领导、社会、同事、政府、家人时，总是"你们不好，只有我好"或者"你们不好，所以我不好"的思维模式。这个社会不乏评论家和怨妇，以这种方式生活的人，内心是没有充分成长的小孩子在主宰。这样的父母，当然很难培养出充分成长成熟的孩子。所以案例中的阿姨全家和李女士都是被委屈控制，没有充分成长的小孩子。一代代的学习和模仿，怎么能让我们的孩子充分成长呢？

我们必须在委屈的情绪中学习和改变了！

个案一

四位合伙人开始一个项目投入，当时并没有将如何分配利益等事宜做明确规定，只是口头上做了约定。当项目完成之后，分配收益时，四个人的意见发生了分歧。其中一人坚持对自己有利的分配方案，不接受其他三人的意见。反复较量之后，强势一人按照自己的方案做了利益分配。三个人虽然不满，但最后只能服从。三人都感觉自己受害，非常委屈，觉得自己没有被尊重，不公平。这份指责和抱怨的情绪甚至弥漫到自己的家庭。本来赚了钱，是一件开心的事，最后却以受害者的状态收场。

当其中一个人来求助时，我问他："你为什么会委屈？你用什么来维护自己的公平？合作之初为什么不要求确定一个利益分配方案并做文书约定？过程中发现对方不守口头承诺为什么你不叫停，为什么还跟着玩到最后？到了最后你为什么不坚持阐述自己的观点？为什么你经过了这些，自己不反思在其中学习到了什么？假如以后再与人合作，你会吸取怎样的教训？所有这些问题你都需要认真对待。因为你是一个成人，成人要为自己的行为负责。所以，准备开始一个合作前，你就要做好维护自己利益的所有准备。这是你的权利，也是你的义务，可是你一次次放弃这些权利和义务，最后却把所有的责任归罪于别人，这恐怕不太公平合理吧？尤其是当你既得了钱，又学到了这么多东西之后，还觉得不公平，这就更加不合适了吧？"

当我毫不留情地跟他完成这样的交流，把成人的成熟心态逼出来之后，他变得平静了。他开始历数自己通过此次合作学到的东西，也开始对另外那位合作伙伴有感恩之情。这时，他真正变得智慧而成熟，与他的心理年龄基本一致了。他说："这次是真的长见识了，这种思考问题的方法真的教会了我很多东西，想想以前有多少时候，自己都是一个爱抱怨、不负责任的小孩子啊！想起来真不好意思！"

个案二

丁丁，一个四年级男孩，因作业没写好，受到老师批评，非常生气。他觉得很委屈，一直都写得好却没有得到表扬，只这一次没写好却要受批评，觉得没面子。孩子回家跟妈妈哭诉，妈妈带孩子到学校找老师讲理，老师又抢白了妈妈，让妈妈更加恼火。妈妈情急之下告到校长那里，请求给个说法，后来还找媒体曝光。一件小事闹得沸沸扬扬，很多人都不理解：这个妈妈怎么跟自己的孩子一样，如此幼稚，如此简单？

是的，如你所见，这个母亲的内心就如孩子一样渴望公平，不断有委屈投射到外面世界中。她对领导、同事、老公、老师，甚至孩子，都会经常感觉委屈；她不断地用各种极端的方式寻找公平，以为这是捍卫自己的权利，却一次次让自己感受到更大的委屈和不公平。熟悉她的人都知道她很难缠，一旦被激惹，很会撒泼、闹事。而且，她已经影响到了自己孩子处理问题的模式。如此下去，后患无穷。假如真的能读懂她的内心，就会明白她就是一个没长大的小孩子，在执着地追求着一直以为不够的爱而已。

当感觉不公平、有委屈时，问自己：对谁有委屈？这委屈有几分？委屈的感觉在身体哪个部分？假如用色彩形容的话，是什么颜色？有多大？用自然界中的哪个物体可以代表？

　　既然委屈是把自己降低为孩子，把对方当作父母了，那么觉察委屈情绪之后，最简单的处理方法就是收回委屈法：问自己几岁了，对方是自己的父母吗，如果不是，他是谁，你与他是什么关系。

　　想象对方站在自己面前，看着他的眼睛，想象自己的父母也站在自己身后（如果需要的话，也想象对方的父母也站在他的身后），然后对他说："你是我的＿＿＿＿（比如老板、同事等代表身份的词），你不是我的爸爸（或妈妈）。我的爸爸／妈妈站在我的身后，他们给了我所有的力量、支持与爱，现在我把放在你身上的，属于我对爸爸／妈妈的期待全部收回到我身后的爸爸／妈妈身上，只让你做我的＿＿＿＿（比如老板、同事等代表身份的词）。"然后想象自己把放在对方身上对父母的所有期待全部收回，包括过去的、现在的，甚至未来的期待全部收回，就像金属的光一样从对方身上飞出，直到逐渐完成为止。注意在这个过程中身体和呼吸的变化，收回来之后，双方往往都会有如释重负的感觉。自己再去看对方，也会发现对方变得更可亲，内心变得平静而自然。

　　一般来说，夫妻关系和比较密切的亲友关系中，自己也会对对方有一种负担的感觉，对方也会在自己身上有意无意地投射。所以处理这些关系时，需要自己主动交还这份投射。

　　一个在社会中生活的成人，最理想的状态是生理年龄和心理年龄同步成长，这样才能承担自己作为父母、夫妻、企业家等多重社会角色的身份。可是，在过往的家庭和社会教育中，没有哪个父母和老师有这样的能力培养出完全成熟的人。而这些没有足够成熟的人成家立业，往往会在生活中表现出小孩子的状态。这种状态下最直接的信号就是委屈的情绪。所以，时刻觉察自己的委屈情绪，在每个当下收回这份委屈，是让自己快速成长的重要契机。

还有一个重要的自我管理方法就是，随时随地问自己：此时此刻我是谁？我几岁？我想得到什么？我正在做什么？我做的与我想得到的一致吗？如果不一致就让自己想象父母站在身后，感受到他们给的力量与爱。当得到的爱与力量足够时，就让自己重新定位，看是否还需要得到过去以为的那么多。这时，你往往会感觉自己内心很充实，不需要再到别人身上去索取了。你变得平静而有力量，这就是一种自我满足感。

关于委屈

　　一棵长在河边的柳树，一直很羡慕左边的一排松树，觉得它们长得那么笔直，很有力量。它更加羡慕右边的那棵香樟树，因为香樟树很名贵，未来会有很好的去处，不像自己，长得弯弯曲曲的，没有形，又不能成材，不值钱。它甚至觉得自己不如脚下的芍药花，开花的时候，香气宜人，会引来很多人观赏。

　　柳树一年四季总会找到可以与自己比较的对象，只是比来比去，越来越没有自信。它的树枝越来越弯了，好像越来越没有资格伸向天空，靠向太阳。它内心也责怪自己的爸爸妈妈，觉得是它们影响了自己，没有给自己优良的基因，让自己成了毫无价值的存在。

　　有一年，天气非常冷。人们熬了一个漫长的冬天，急切盼望着春天。每个星期日，人们都跑到野外，跑到小河边找春天。直到有一天，一个孩子大声地喊："爸爸妈妈，我找到了！我找到了春天！"孩子拉着爸妈的手兴奋地跑到这棵柳树下，指着柳条上冒出的淡淡的嫩芽说："这是春天！春天终于来了！"一家人就在这若有若无的春色里欢呼雀跃！他们的笑声引来了更多的寻春人，大家就站在这棵柳树下拍照留念，欢声笑语感染了整片树林。他们甚至把一些五彩气球挂在柳树上。

有个画家兴之所至，画了个"春天的信使"的牌子，并把它挂在树上。从此，这棵柳树就成了当地独特的风景。一年四季，都有人会来树下走走，摸摸树干，抚抚柳叶，或者就是在这弯弯的树干边挂个秋千，荡上一会儿。从此，这棵柳树长得好像越来越快，它的树干竟然跨到小河对岸，变成了一座桥，人们可以通过它在河两边游戏玩耍了。

　　柳树旁边的那棵香樟树很好奇：这些年发生了什么，这棵垂头丧气的柳树为什么突然变得这么有生机？有一天，它实在忍不住了，低下头来问柳树，柳树竟然有些不好意思，吞吞吐吐说："唉，不好意思了。以前我总怪父母没给我好的基因，那天那个小孩子喊着找到春天，把'春天的信使'牌子挂在我身上，我都不以为然。直到那天晚上我做了个梦，我梦到土地深处树根尽头，有个智者对我说：'孩子，你的根扎得这么深，你什么都有了，你要看到土地、阳光、水分，它们给了你，同样也给了所有其他的植物，老天给你这么多，不是让你折磨自己的，是让你把独特的贡献表现出来的！做好春天的使者吧，让孩子们因为你存在而高兴吧，还有什么比带给人们希望更幸福、更美妙！'喏，从那天开始，我就变成了现在的样子！"柳树说完，又弯下了它的腰。

第四节　明天，我把企业交给谁

——这世界不安全，明天我要怎么活？我把企业交给谁？

案例一

一个叫涛的三十岁年轻人，从国外读书回来五年，一直宅在家中不出门。他父亲早就给他安排到自己公司来上班，可他一直做不到。出门见人对他来说非常困难，因为他觉得自己很丑很笨。

他终于坐到咨询室里来，我们的交谈越来越深入。他回忆起童年时寄住在老师家，老师有个邻居老管他叫"丑仔"，这个人还会打他，威胁他。涛不敢告诉老师，也看不到爸爸妈妈，他为了保护自己，获得安全感，就学会封闭自己，接受了自己不够棒的事实。在他心目中，这个世界是可怕的，没有人可以保护自己。自己是丑的、笨的，要不然爸爸妈妈为什么会不喜欢自己，不要自己呢？

他的成长之路就是这么自我封闭的。他心里会怕很多东西，尤其是当他硬着头皮替父母完成在国外的学业之后，他就缩在了家里，再也不想出门。他说："我再也不要见人了，这些年怕死了，在家里真舒服。"我让他列出恐惧清单，他一口气列出了好多项，小到蚂蚁，大到雷声。他最怕的是大嗓门说话的男人，这会让他想到当年老师的那个

39

邻居。

父母一直告诉他不要怕，没什么好怕的，应该勇敢些。他却无论如何也做不到，怕的东西反倒更多了。

案例二

张先生是所在地区的行业领袖。他为人正直热情，又乐善好施，所以在行业里很受大家欢迎，被选为行业协会的会长，经常出席很多重要会议。

这个高大又和善的好人，最害怕参加会议，因为他要作为领导讲话。他最怕在公众面前讲话，一上台脸会涨得通红，一句话也说不出来，很尴尬，出了几次丑之后就再也不敢去这样的场合了。他内心非常痛苦，又不敢跟别人讲，没有人会相信如此自信、平日与人交流如此顺畅的人，会有这种公众表达的困扰。怕什么，他也说不清楚，可就是害怕在公众场合表达。

无论是涛还是张先生，他们都处于恐惧的情绪状态中。

人们不太能接受自己或孩子有恐惧情绪，认为这样不自信，没出息，是胆小鬼。所以父母常常教育孩子要勇敢，要大方，但这样的教育效果并不好，因为人们根本就不了解什么是恐惧。

恐惧是生物维持生存的第一重要工具。恐惧的含义是指不愿付出以为需要付出的代价。人活着不可能也不应完全没有恐惧。恐惧可以激发人自我保护的本能，保护生命在相对安全的状态下活下去。很多人会怕狗、怕蛇、怕黑、怕鬼、怕陌生的地方、怕未知的事情等，这些都是正常的。

人最深的恐惧是失去生命，其次人们害怕付出的代价是自己在乎的人、心爱的东西、自己的理智等。但是有些人完全不能看到狗的照片，甚至不能听到"狗"这个字，这就已经超越了恐惧本身的作用，一定是混杂了曾经的创伤记忆，从而强化了这种恐惧。这时就需要人们面对和处理，保持对狗的恐惧，同时也可以在安全范围里欣赏与狗相处的乐趣。

涛的恐惧是年幼时的重复创伤累积，张先生公众发言的恐惧也是童年成长的多次创伤记忆，泛化为非理性的情绪状态，蔓延到相似的情境中。接受专业的支持和介入，释放出那些创伤，他们就能正常而平静地恢复与人沟通和交流的行为能力。

恐惧指引我们去找出以为需要付出的代价是什么，同时思考可以做些什么使自己无须付出这些代价。面对这种情绪的目的并不是一定去做某一件事，而是增加了"可以做这件事"的选择。

恐惧帮助我们保证生命的安全，同时释放曾经的创伤和非理性的恐惧。人们对未知和不可控制的存在所感受的恐惧，往往是害怕"以为会……"。"以为会"有很多主观想象的成分，需要面对童年的创伤记忆。保护自己的基本安全之后，就可以带着恐惧，继续走下去。这才是真正的勇敢！

没有觉察的恐惧往往会控制一个人，使能量受到阻塞并变得枯竭；或使其逃避不前，或将压力指向外在，变成指责或愤怒，并在内心抗拒这份恐惧。这样反而会强化这股能量，与潜意识对自我保护的本能相抗衡。恐惧的心理感觉是不安全，对世界和人的不信任，伴随的情绪是怀疑、焦虑、紧张、逃避。

因此，恐惧是最有力的疾病制造者，往往储留在人体的肾脏、膀胱、腹部等处。生活中很多人的健忘、食欲过盛、厌食、哮喘、晕车、昏厥、多动症等都是恐惧引发的生理表现。

个案一

一个高中学生马上要出国了，可他的托福连续考了七次都考不到理想的分数。他平时成绩很好，可每次总是与目标差一两分。老师和家长都奇怪，这个学生自己也很郁闷。眼看着申请学校的时间迫近，其他同学都已开始做材料了，他还在东奔西跑地去考试。然而不管怎么努力复习，成绩还是没有提高。他对自己快没有信心了。

当妈妈陪孩子来时，我看到了一位十分焦虑的妈妈，身体似乎很弱。男孩子跟我讲了他的经历，我感受到他内在深层的恐惧。我问他："你真的准备好出国了吗？你是不是有些害怕？"他似乎是愣了一下，然后轻声说："怕也得出啊！高中就读的出国班，不可能在国内高考，不出国就没有出路了。"

"你怕什么？怕出去之后不适应，还是害怕失去妈妈？"我的问话让他怔了一下，然后眼圈就红了："我怕出去不适应，毕竟这么多年都是妈妈照顾我的一切，我不知道自己出去以后会遇到什么麻烦。还有，妈妈身体不好，我怕她……"他一边说，一边用忧伤的眼神看着妈妈。我猜对了，他妈妈长了肿瘤，做过手术之后正在恢复期，他内心害怕会失去妈妈。这就是他总是考不出更高分数的深层原因了。

当我说出猜测时，他和妈妈都释然了。我引导他面对妈妈说出内心的恐惧："妈妈，我害怕我走了，你会离开。我怕你走了会没有人爱我，我怕没有你关照的出国生活。妈妈，我不想离开你，我用考不出真实成绩留下来陪你。"母子二人泪眼相对，妈妈告诉孩子说自己的身体在逐渐康复。妈妈认真地告诉孩子："妈妈总有一天会离开你，你必须照顾好自己，好好地活下去！你已经具备了所有的力量和能力，你只有出国好好学习，才是对我最大的安慰！"当母子俩完成这艰难而又必要的生死对话之后，一切反倒变得轻松了。恐惧因积极面对而快速转化。

完成了对英语考试的对话和对未来的设计，三天后他又参加了一次托福考试。这次考试成绩远远超过了他的预期分数。两个月之后，他去美国读了自己理想的大学。

个案二

小李是个漂亮而有活力的姑娘。她最大的困扰就是找不到合适的男朋友，一直无法结婚。父母每天都在催促她，她也觉得自己心理有问题，不然为什么看谁都不入眼？当她带着几张待选男友的照片来找我做决定时，我了解了她的成长经历。她不经意地说起自己小时候，父母曾经一直吵架，还离过婚。一年后父母又复合了，现在挺好的。

我问她当年父母吵架、离婚时，她作为小孩子有什么感觉，心里有什么想法。她说，那时很害怕，就知道哭。他们只顾吵架，也没人理自己。她就想：不好好过日子为什么要结婚呢？不爱我为什么要生下我呢？我将来一定不结婚，我不要过你们这样的日子！

我提醒她，也许这就是她找不到男朋友的真正原因，她害怕像当年的父母那样生活，害怕当年的痛苦再度重现！她听了，半天没说话，然后就掉下泪来："是的，我真的很害怕结婚，我真的很害怕跟一个陌生人生活在一起！""真的生活在一起会怎么样？会死人吗？"我的这句话又把她说笑了："当然不会死人了，可是还是很害怕啊！"

我帮她用认知分析法做了分析，又帮她释放掉当年父母吵架被忽略的创伤。一个痛快的哭哭笑笑之后，她开始愿意谈未来的生活了。

放下恐惧半年后，她跟一个喜欢的男士结婚了。

请先完成这份恐惧清单，看看你内心深层的恐惧：

1.关于事业，你的恐惧是_____

2.关于居住状况，你的恐惧是_____

3.关于家庭关系，你的恐惧是_____

4.关于金钱，你的恐惧是_____

5.关于外貌，你的恐惧是_____

6.关于性，你的恐惧是_____

7.关于健康，你的恐惧是_____

8.关于人际关系，你的恐惧是_____

9.关于年老，你的恐惧是_____

10.关于死亡与临终，你的恐惧是_____

假如你完成了以上测试，挑你最想解决的三个，让我们继续下去，学习应对和处理。应对恐惧，有三个有效的处理方法。

第一种：呼吸连接法。

先让自己深吸一口气，然后呼气，释放紧张情绪，放松你的头皮、前额和脸庞。放松你的舌头、喉咙、肩膀、双手、双臂，然后放松你的后背、腹部和骨盆，同时放松你的双腿和双脚。

在这样舒服自在的感觉中，对自己说："我跟我的呼吸在一起，我是安全的，这一刻我是活着的，我是有能力照顾自己的。"继续保持这种放松的呼吸，然后在心里对自己说："我愿意放手，释放以往所有的紧张、恐惧，我愿意放手，我感到平静，我平静地对待自己和生活，我很安全。"

把这个练习重复两到三遍，每遇到让自己恐惧的事情就做一遍。只要多做几次，它就能融入日常生活中，成为自然而然的行为。一旦熟悉了，就能随时随地运用，在任何情况下都能彻底放松自己。

第二种：面对恐惧法。

选一个想面对的某项恐惧，看看它是什么颜色，有多大，在身体哪个部位。如果用自然界中的某种事物来做象征，会是什么？把它放在眼前你觉得安全的位置。假设它也有鼻子和眼睛，看着它的眼睛，对它说："我怕你，我真的很怕你！我一直都不敢面对你，不敢说出来我怕你，现在我终于说出来了！"

感受一下，当你说完这些话时，内心和身体有怎样的感受。再看一下，对面的它在色彩、形状、大小有什么变化。不管它有什么变化，都把你看到的变化告诉它："当我说出'我怕你'这句话时，我发现你变了，说明你能听懂我的话。你不是我的敌人，你是愿意跟我交流的，谢谢你！"

再来感受此时自己的变化，不管发生了什么都如实描述出来。你会发现每个来回自己的情绪都会发生变化，对面的它也在发生巨大的变化。从开始的高分值的恐惧慢慢转化，一般是颜色变淡变亮，形状变小，距离变近，甚至会从某种可怕的象征转变为另一种可爱的东西。而这时内心的恐惧也基本转化为可爱、喜欢或平静了。

我曾用此方法帮助过大量恐惧某些东西的学员和来访者，无论是害怕学习某门课的学生，还是怕黑、怕鬼、怕人、怕未来的生活的人，当内心害怕的那些象征物从蛇、老虎、狗甚至是蛆变得像蚕宝宝一样可爱时，他们从远离变得渴望接近，关系改善了，恐惧情绪也就自然释放了。

第三种：认知分析法。

从你的恐惧清单中，选一个想面对的，问自己：

这种事情以前出现并处理过吗？若以前多次出现并处理成功，以后再出现也能处理成功。

如果过去曾多次出现却未能处理，那么现在还可以继续活下去。以后即使它再出现，也还是可以活下去。

过去没有出现过，想一想最坏的可能情况会怎样，一层层问下去，直到问到最后是否会死，出现这样的概率有多大。在目前还没有出现最坏可能性之前，想三件可以用来预防的事、三个可以求助的人。

即使做了以上各项准备，还会出现最坏可能性的概率有多大？到现在为止，评估一下自己经过准备和努力之后，是否已经有能力面对。当自己有能力面对时，还恐惧吗？

这是一个非常好用的面对恐惧的技巧，尤其对于比较理性的人来说，这种方法很容易消除他们的恐惧。"当一层层分析下去，发现其实死不了时，突然感觉轻松了，或者发现大不了就是一死时，没什么好怕的了！"这就是面对恐惧的力量！

关于恐惧

小马过河，是一个尽人皆知的故事。

稚嫩的小马驹因为害怕河水，不敢下去游泳。它妈妈用的方法就是不停地讲道理，讲为什么一定要学游泳的道理，若不会游泳将来会如何吃亏，会有哪些可怕的后果。妈妈越这样讲，小马就越害怕。哪怕到了河边，它也不敢下去。

马妈妈见讲的道理没用，就变得更加焦虑了。它找来一大堆说客，什么邻居家的大白马啊、黑水牛啊，可是大家劝了半天还是没有用。妈妈无奈了，就举起鞭子，抽打小马，逼着小马去河里。小马更加害怕，跑到很远很远的地方去流浪。

夏天里，雨水很大，淹没了草地，小马无处可逃，只能在雨水里发抖。它不知该怎么办，心想这下会被淹死了，只好等死了。最后它累得再也站不住，一头栽倒在雨水里，闭上眼睛，完全一副听之任之的态度，把自己交给老天爷了。

不知过了多久，小马从睡梦中睁开眼睛，它惊讶地发现，自己竟然漂浮在一片湖水里。雨水把这块低洼地变成了一个湖，淹没了小马的一大部分身体，小马就靠着自己的本能浮了起来！它一兴奋，开始划动四肢，好像游泳一样，竟然可以移动一段路了！

原来水并不是这么可怕啊！小马劫后复生，竟然突破了对水的恐惧，无比欣喜地快速穿过这个湖区，蹚过前面的那条小河，向家里跑去！

第五节　为什么我总是担心害怕

——假如……万一……，怎么办？是自己给予亲人最大的毒药！

案例一

周某是某地区有名的婚纱摄影培训学校的校董，她培养的摄影师已遍布全国各地。可她总是担心自己的两个孩子。老大是个女孩子，二十岁，不想学习，每天就爱摆弄红酒，扬言将来要做调酒师；老二是男孩，十二岁，只喜欢看书学习，走到哪里看到哪里，不愿意跟人交流。

两个孩子各有兴趣，妈妈为什么担心呢？妈妈担心老大不务正业，将来不能适应社会；又担心老二太内向，钻在书堆里，长大以后不会有大出息。妈妈每天晚上愁得睡不着，可是孩子长大了，又说不通，这样下去如何是好？

案例二

陈先生有自己的企业，他白天很忙碌，是一个热情开朗、充满力量的人。可是晚上到了家里，就变得郁郁寡欢。他控制不住自己内心的担忧，担心自己的员工会突然辞职，担心金融危机哪天会到来，担心家人的健康。所以他每天都在寻找健康养生的秘方，推荐给家人。他也担心小偷，把家里的所有门窗都装上防盗网。他更担心自己也会英年早逝，留下一双年幼的儿女和年老的父母。他晚上无法入睡，经常失眠，脱发严重，体重锐减，渐渐影响到正常的生活了。

两个案例的主人公都是被担心控制住了。虽然很多人会觉得他们想不开，但他们就是这样感受着担心的真实痛苦。

担心，是很多人表达爱的一种方式。父母担心孩子没有好未来，孩子担心父母的关系和身体，夫妻担心配偶变心，老师担心学生成绩差，企业家担心企业发展……担心似乎是一种关系的连接，是"我在乎你""我爱你"的代名词。所以很多人习惯以担心的方式享受"在一起"的感觉，虽然这感觉会让人觉得压抑和窒息，但人们很少质疑、研究这种情绪。

担心到底带给对方的是爱还是压力？是否有更有活力和效果的表达方式？

担心是把注意力指向未来，对于还未到来的事情表现出不良的预期，美其名曰做最坏的打算。害怕会出现不好的结果，因为这份害怕的预期把注意力局限和控制在不想要的方向上，完全没有能力去面对不好的可能之外更多"好"的可能性，这是深层"不信任""没资格"的暗示和强化。

适当的担心会提醒人在当下做充分的准备，防止不良的现象发生，所谓"防患于未然"。但是过度的担心就是一个改变方向的信号：事情发展还有什么其他可能性？我真正想要什么？如何做才可以拿到我想要的？

担心让人远离当下，因注意力锁定在不期望的目标上，因"负强化"效应，而"心想事成"。这就是被称为"妈妈的咒语"的神奇力量。一个妈妈每天都骂自己的孩子："你笨死了，不好好读书，将来一定好吃懒做。这么好吃懒做，一定会去偷去抢，警察会抓了你，到时得坐班房！"孩子听妈妈的骂长到十五岁，真的因为偷东西被抓进少管所，到底是妈妈教育了孩子，还是用自己的担心帮孩子创造了现实？对方与你的连接越深，对你的爱越忠诚，你的担心越容易跟他一起创造出来。你在用担心伤害你爱的人吗？

有人说，我从来不会把这些担心说出来，只会偷偷在心里想。你知道"思想意念"的能量远远超过语言，它所发出的频率同样会暗示和控制着你自己和你所担心的人，帮你创造出并不想要的现实。注意力所到之处，就是能量聚集之时。问问自己，每时每刻，是哪些担心的咒语引导、暗示着自己，帮自己创造出一个又一个不想要的未来事实，你是否在用担心伤害你自己。

担心使人失去大量能量，创造出身体里的紧绷感，从而影响到消化与新陈代谢。担心时，人们会失去专注力而难以达到目标，长期下来将影响对自己的评价，从而不能专注于当下。

担心伴随的主要情绪是焦虑、无力、依赖、不信任，所产生的能量主要储留在胃、脾脏和胰腺。

个案一

　　李先生是单位的工程师。他的专业水平非常高，但是他对单位的发展一直很担心。每当看到有客户投诉时，他都义愤填膺，会给老总写很长的邮件，提一大堆预防建议。未被采用时，他就更加担忧，甚至见到谁就跟谁讲：这样下去公司要倒闭了，大家都没饭吃了。开始时大家还都跟他一起讲讲，慢慢地，大家觉得他像祥林嫂，很烦，就没有人再附和他了。

　　他的这些话让很多员工心神沮丧。董事会考虑再三，还是准备辞掉他，给他三个月的调整期，建议他接受心理干预。当他坐在我面前时，一脸的沮丧，无法从受伤的感觉中走出来。他不明白为什么自己这么热爱公司，处处为公司着想，却最后落得这样的下场。

　　我从他的成长经历中，慢慢了解到他担心真正的根源了。刚出生后，妈妈因患病住进医院，一直不能查出真正的病因，所以家中有好几年都笼罩在担忧愁苦中。他十多岁的时候，妈妈去世了，爸爸又生病了。他骑着车，带着弟弟在医院、学校和家里之间奔波，好像从来都没有放松过。

　　我跟他解释，从刚出生至六岁这个阶段，是一个人建立信任、形成安全感的重要时期。因为他刚出生不久就与母亲分离，没有母乳，没有形成安全感，对世界不信任，担心母亲、父亲的身体，实际也是担心自己会失去父母的爱。在这种极度不安全环境中长大的他，当然也就害怕周围的环境会失去控制，所以想用自己的力量改变。这就是他在当年那个创伤小孩子状态下所做的最好的一切。他听了这些分析，变得释然了，接着又开始担心这样会影响到自己的孩子和家人。我引导他用深呼吸法感受内在的安全感，也帮他释放了童年与母亲分离的创伤。然后他变得平静了下来，觉得一切都好，没什么好担心的。

我跟他分享人生三件事：自己的事、他人的事、老天的事。怎样尽力做自己分内的事？怎样尊重他人用自己的方式去做事？怎样用接受的心理去面对超过自己范围的老天的事？他比较容易接受这样的分析，很快就理清自己给老总写的那些建议信有些是有必要的，有些是超过自己职权范围的。即使是在他职权范围内，老总不采纳也是正常的，因为决定权是老总的，自己只有建议权。思路清晰了之后，他有些不好意思："自己以前怎么像疯子一样？真丢人！"当然他的信任感的建立还需要一个过程，需要他不断成长和释放掉过去的创伤。但他已经非常满意了，觉得自己放松了，踏实了！

个案二

唐，企业人力资源总管，泼辣爽快，人又长得漂亮，是个典型的女强人。她三十多岁才结婚，嫁给谈了三年恋爱的男朋友。可是她结婚两个多月后就开始闹离婚，理由是一些大家都认为不值一提的琐事：婆婆每天到他们的新房去搞卫生，连床单也要给换；婆婆不经她同意就翻她的橱柜；婆婆会看她带回家的文件……丈夫为了维护自己的妈妈，自然怪太太小心眼。太太则说婆婆没素质，又怪丈夫不理解自己。眼看被祝福的婚姻面临破裂的危险，全家人都慌了，到处找人帮忙劝说。

我见到婆婆时，问她："你为什么要这么辛苦自己，每天替儿子搞卫生？"她说："我不帮他，谁帮他？他从小就弱，我一直精心地照顾他。现在他结婚了，媳妇忙，根本顾不上。我情愿自己苦点累点，也要让我儿子过得舒服点。他们两个都小，都不会照顾自己，我就像照顾两个孩子一样，再苦再累都愿意！可是忙了半天却落到今天这下场，我哪儿错了？"

我让她想象自己心目中的儿子是几岁，长得什么样子。她想了想，笑了："他还是七八岁的样子，瘦瘦的，挺可怜，总生病！"这就是问题的根源，她心目中的孩子一直都没长大。她照顾三十多岁的儿子，像照顾七八岁的孩子一样，完全忽略孩子已经成人的事实。这种模式又沿用到刚过门的儿媳身上，当然会因为越界而出现矛盾了。

我引导她放下当年没有照顾好而使儿子生病的内疚，又引导她看到内心的未来愿景：儿孙们走在未来的路上，自己带着欣慰看着他们。然后又引导她真正看到现在已经成人的儿子和儿媳，对他们说："我看到你们长大了，我很高兴！我只站在你们身后，祝福你们！我相信你们可以照顾好自己！我愿意给你们照顾自己的机会。"

老人家说完这些，突然感觉轻松了很多，我引导她想想自己晚年有哪些安排，还有哪些遗憾要去了结。老人家说想要去旅游，回老家住段时间，回自己的母校看看……她一口气说出一大段计划，我推动她先选一个目标，这一周就去完成。她很开心地说："就先回老家吧！我明白了，孩子长大了，要有自己的生活了，我也要去过自己的日子了。不管了，放心了，再也不担心了！"

　　静下心来，问自己经常在担心什么，担心谁，自己紧拧的眉毛里锁着的是什么。虽然有些担心藏得很深，但只要你对自己够真实，一定会捕捉到内心隐秘的那些丝丝缕缕，看得到你对哪些人在乎、对哪些人不信任。这些不信任的深层原因是否都跟不信任自己有关？内心是否都有一个受伤的、不自信的小孩？

　　当开始觉察到担心，你就可以主动面对了！

　　假如评估到担心在 3 分以下，就让自己做些什么，看看找哪三个人先做些事情，不让最坏的可能发生。假如可以清晰地写在纸上，看一下答案，是不是担心的分数又降低了。然后带一份好奇，去观察你担心的事情最后变得怎样，也许你会发现一切并不像你想的那么糟，你会慢慢地感受到信任的力量！

　　假如担心超过 5 分，你可以用本章第四节关于恐惧处理的技巧之一"认知分析法"尝试做个处理，然后问自己：事情还有其他可能性吗？

　　假如担心超过 7 分，你可以继续完成本书中篇的阅读，你会了解到更多与自己成长创伤有关的事，然后你也许需要找个专业的心理咨询师，或者参加一个心理成长的课程。这些能够帮你释放童年创伤，修复你与父母和生命中重要他人的关系，你会感受到自信在内心扎根的那份踏实。当你信任自己时，你会信任整个世界和其他人，他们都跟你一样，可以照顾好自己，那时你就学会真正的信任了！

关于担心

"杞人忧天"是一个熟悉的成语故事。从前在杞国，有一个人常会担心："假如有一天天塌下来，该怎么办呢？"他几乎每天为这个问题发愁，终日精神恍惚，脸色憔悴。大家知道原因后，都跑来劝他："你何必为这件事自寻烦恼呢？天怎么会塌下来呢？再说即使真塌下来，那也不是你一个人忧虑就可以解决的，想开点吧！"可是，无论别人怎么说，他都不相信，仍然常常为这个不必要的问题担忧。后人也用"庸人自扰"来形容担心过重的人。

孩子，我想把它传给你

亲爱的朋友，现在我们可以从这个体验的过程中走出来了。当你准备好时，请睁开眼睛，重新去看这个房间，看你周围的一切，有什么不同吗？你自己的内在、身体有什么不同吗？这次有些艰难的心痛之旅，让你理清了内心丰富的伤痛情绪。这些你过去一直压抑、不想面对的、折磨人的情绪，现在终于可以一一面对了！

欢迎你重新回到这里，欢迎已经有了足够成长的你！

体会一下此时此刻你内心的感受是什么，身体的感觉是什么，分别是几分。你觉得在这次旅程中，对你帮助最大、最有启发的是什么？你终于静下心来了解每一种情绪的意义以及对应的处理方法了。你在提升情商，学习情绪管理的路上跨了一大步，恭喜你！

当你带着自己的力量，穿越了愤怒、恐惧、悲伤、焦虑、紧张、失望、内疚、遗憾、惭愧、担心、委屈……穿越了这些被很多人称为负面情绪的能量河流，有没有如释重负的轻松感觉，有没有豁然开朗的感受？是的，这些曾经又怕又恨的情绪一直干扰着你，控制着你，你没有自由，深受其害，避之唯恐不及。现在你明白了，懂它们了，所以你也有资格享受与它们共同嬉戏的感受了。

就像你曾经害怕的那只大黄狗，你曾经那么辛苦地被它追过、吓哭过，你只能动用各种招数逃离它，免得被它伤害。直到有一天，你开始带着耐心静下来去看它，陪护它，拿它喜欢的食物喂养它；你开始了解它，熟悉它，明白它所有举动背后的真实含义。你渴望靠近它，渴望抚摸它光滑的皮毛，渴望与它的眼睛对视，渴望在那双眼睛中寻找到关注。那份关注的深处是它期待你的爱，而你同样也给予它深层的期待——你也渴望得到它的爱！这时，你们两个可以和平相处，你们两个可以享受在一起玩耍的喜悦，也可以感受到彼此相伴的平静与安宁。感恩不再只是一个空洞的字眼，你目光所及，一切都是那么鲜明而充满活力。你突然可以感觉到与万物连接、彼此相伴的美丽，内心的篱笆墙缓缓倒塌，现出一片无比宽阔、敞亮的心灵绿地，万物充满生机地展现各自的美丽。

只有走过那条布满荆棘、曲折坎坷的路，才会有此时这幸福相伴的时刻。你真实地体验到充盈而饱满的爱，你感觉到生活在当下的所有美妙！

穿越所有伤痛，遇见爱！今天开始，你已经有资格，带领你的团队和亲友成为情绪达人！现在就让自己带着今天所有的收获，走出这个房间，回到你的家里，去陪伴你的孩子，与他们分享关于情绪的奥秘吧！

一、管好情绪爱上它

经过前边的分享，相信你已经开始明白并接受自己的情绪了。当你逐个为孩子讲那些关于情绪的故事时，你自己也明白了：要学习管理自己的情绪，再也不能用逃避和控制来压抑情绪，再也不需要害怕"冲动的情绪魔鬼"了。做孩子的情绪向导，从现在开始把他们培养成高情商的人！

情绪是内心感受经由身体表现出来的状态，是生命不可分割的一部分。情绪是绝对诚实可靠和正确的。情绪从来都不是问题，如何对待情绪才是问题。情绪教我们在事情中该有所学习。它应该为人服务，而不应成为我们的主人。情绪是经验记忆的必需部分。勇气、自信、冲劲、冷静、轻松、坚定、决心以及创造力、幽默感、冒险、灵活等能力都是一份感觉，一份内心感受，一份开始行动的原动力。

也许你一直期望自己是高情商的人，也期望把孩子培养成高情商的人，那么你一定要了解高情商的标准，并且明确告诉你的孩子！

所谓高情商的人，简单来说是指有四种与情绪相关能力的人。假如每种能力最高 10 分，看看你自己的情商总分是多少？

觉察力：能够随时觉察自己及他人情绪的能力。（10 分）

理解力：能够理解自己和他人产生某种情绪的原因，以及每种情绪深层的意义和价值的能力。（10 分）

运用力：能够在目标指引下，有效运用各种适应情绪的能力。（10 分）

摆脱力：为了达到目标能够快速摆脱无效情绪影响的能力。（10 分）

二、分享我的生命故事

不要等孩子长大才去让他了解你，也不要让孩子去羡慕别人的父亲、母亲！

你之所以成功是因为你有着独特的经历和特质，因为你一路走过来的风风雨雨。所有甜酸苦辣都包含着各种丰富的情绪体验，这些都是你的财富和资源。找个时间或者随时随地跟你的孩子分享你的生命故事，让他们看到真实的你，感受到你内在精神的力量。这些是他们急需的营养，传输与给予成长的营养，就像树根对于树干的意义。你的孩子需要通过你的分享，看到属于他自己的生命特质和精神财富，这是他们长大的力量！

不要讲道理，就从讲故事开始吧！在你的人生中有三件最难忘的事和三个最重要的人。当你经历过这些人和事，走过这段心路历程，就可以得到上天的恩赐，收获其中的财富，最终顺利走向成功。

中篇　选择，没那么简单

我在事业上取得了一些成就，

从小就给孩子灌输成功的信念，

可是我知道我做得不够好，

关于事业、成功、金钱，

我并没有倾听孩子的想法……

企业家内心的渴望与矛盾

经过了上次的体验，我猜你度过了一段相对平静而安宁的日子，这感觉很好，是不是？

或者你会说："不是，本来我感觉还好，但上次之后我的心情很糟糕。很多现实的烦恼和小时候的事都被翻出来了，那些我以为已经忘记的往事总是在不经意间冒出来。在梦中或者吃饭、走路时，我才发现原来有那么多烦心事一直都压在心里。只是烦归烦，有了那么多处理和面对的方法，又觉得可以在烦乱中慢慢梳理一些事，人变得有力量了，踏实了很多。"

如果是这样，那么恭喜你，恭喜你开始有能力面对自己的情绪了。采用恰当有效的方法去管理它们，你也逐渐开始成为情绪的主人、情商高手，享受丰富而有魅力的真实生活了。

现在是时候继续走下去，看到我们内心真实的渴望，去回顾你与事业的关系了。作为一个创业者，你如何与你的孩子谈论与事业相关的话题呢？

再一次邀请你，暂时离开你熟悉的办公室，去你觉得会让自己完全放松和安静下来的地方，或者就是上一次我们开始探索内心伤痛的那个地方。这对你放松和专注有帮助，你需要这样的地方，这样独处的时间。

现在又到了你一个人独处的时间了，让自己从在乎你眼神、表情、动作的众人眼中消失一会儿。这感觉很美妙，有点像一个捉迷藏的小孩子，有点神秘和恶作剧的感觉。你内心有些小得意，是不是？

关上手机，扣上房门，给自己倒杯水或咖啡，找个舒服的位置坐下来，长长地舒一口气。今天，让我们继续从深呼吸开始。

当你的注意力开始从数字、报表、人事等烦心事慢慢回到你的身体上，开始跟随每一次呼吸，关注到身体每一部分。直到你开始感受到全身的放松，再一次邀请你内在的智慧，浮现出关于事业的画面。你最初开创的事业在你心中是怎样的画面？假如用一个词来形容你创业时的感觉，那会是什么？同时注意你身体的感觉，哪个部位有反应？跟你创业有关的人，谁浮现出来了？他们脸上有怎样的表情？跟他们在一起，你有怎样的感觉？

　　然后，让自己看到一条属于你自己的事业之路。在这条路上，有怎样的风景，经历了怎样不同的阶段？现在到了哪一阶段？你现在的事业是怎样的风景？你周围出现了哪些人？你跟他们是怎样的关系？你的身体又有怎样的感觉？你通过自己的事业，怎样与你所服务的人连接？他们对你会有怎样的态度？

　　这条路的远方是怎样的风景？走在路上的你，是一个人，还是一些人？假如路上有些观众是你所在乎的人，他们会如何评价你的事业、你的人生？你希望自己工作到什么时候退休？你会希望自己所创立的事业怎样发展下去？谁可以代替你继续发展下去？

　　慢慢地，让自己看清楚：当你退休时，你的同伴和同事会为你写一篇怎样的感恩词？他们会用什么方式欢送你？那时你会说什么，做什么？当你面对孩子和家人时，你会跟他们如何介绍你这一生的事业？关于事业，关于成功和人生的价值，关于使命和工作，关于金钱……你会怎么跟你的后代介绍和讲述你的人生经验？

　　慢慢地，让自己从这个过程中醒过来。你用如此快的时间回顾并展望了你的事业之路，现在醒过来后身体是怎样的感觉？疲惫还是焦虑，紧张还是轻松？经历了各种复杂的情境，现在回过神来，感觉不堪回首抑或感慨万千？

　　不管怎么样，都让自己喝上几口水。然后，你会看到面前放着一张纸，上面是关于你事业的一个访谈提纲，需要你在每个题目都写下几个关键词。

关于你的事业访谈

1. 你最初开创企业的动力是什么？

2. 你如何看待你的事业伙伴？

3. 你事业成功的秘诀是什么？

4. 你怎样看待金钱？

5. 你怎样看待你的服务对象？

6. 你的事业与你的生命工作是什么关系？

7. 你对家与业的关系是怎么看待的？怎样平衡？

8. 你如何看待自己与他人、事业、世界、宇宙的关系？

9. 你希望自己的孩子怎样开创他的事业？你会给他什么建议？

10. 你的企业有方向感吗？企业的核心价值观是什么？

完成这个访谈提纲，你有怎样的感受？假如你说有些问题从来没想过，或者有些问题你认为跟孩子谈太早了，那么我们接下来的分享就显得尤为重要了。

成家立业，是每个人生命中重要的部分。父母如何对待事业以及如何引导孩子对待事业，是家族传承中非常重要的部分。我们不是跟孩子一直说"这一切都是为了你"吗？我们真的要好好整理一下，关于生活和事业，留给他们的是哪些财富呢？

静下心来，做个耐心的梳理，让我们重走一遍你的事业之路吧！

第一节 创业，不得不说

案例一

　　经营家族企业的老板陈先生，在经历了创业的艰难之后，迎来了企业快速发展的阶段，业绩快速攀升，在业界小有名气。他却在此时做出了一个令人惊叹的举动：卖掉了自己的企业。拿了一大笔钱之后，他每天在家里呼朋唤友，美其名曰"享受人生"。他说自己受够了上班的苦，挣的钱也足够花了，连养自己儿子的孩子也足够了，所以只要吃喝玩乐就够了。

案例二

　　一个二十三岁的年轻人，小时候不爱上学，后来参军两年，受了很多苦。转业之后，他在找工作时遇到了很多困难，一年时间里已经换了六七个工作。家里人对他找工作的态度莫衷一是，妈妈希望他找个轻松的，爸爸希望他找个有前途的。他自己很迷茫，有时希望自己创业，但又怕苦、怕失败；去给别人打工，又觉得来钱太慢。虽然他知道父母并不需要他挣钱养家，可他不甘心这样没着落地频繁换工作。他说：

"能感觉到自己内心有股说不出来的力量，让自己不想混日子。但到底怎么才能立业成家？"他说的时候眼里含着泪。

你最初开创事业的动力是什么？

回答这个问题，你的第一反应是什么？是因为"不干哪里有出路"，还是"原来的工作没有前途，想换个方式趁年轻搏一下"，或者是"我想做自己喜欢做的事，让人生没有遗憾"？或者三种因素都有？

三种答案说明了创业者的三种动机：生存（活下来）、生活（活得好）、生命（活得有意义、有价值）。这是从低到高三种不同的人生境界。不管从哪一种境界进入，要发展为企业，都要经历满足个体生存需要，促进企业发展，从而贡献社会这三个发展阶段，而这样的发展往往以超负荷的付出、极大的风险、抛家舍业的艰辛为代价。

许多人创业是由于恐惧，对贫穷和不安全感的恐惧，以为钱能消除那种恐惧，所以义无反顾地去拼了、闯了，积累了很多的钱，改善了生活的条件，有了房子、车子，带来了企业的发展，养活了员工，又慢慢发展壮大了企业，于是就成为名副其实的企业家了。

个案一

地产大亨潘石屹从赤贫一跃成为亿万富翁是一个奇迹。他的老父亲在他十六岁出去读书之前，唯一的礼物是把自己头上不算太破旧的帽子送给他。当他工作后遇见远在深圳创业的一位老师，老师告诉他在深圳有很多机会，能赚到很多钱。潘石屹问："要那么多钱干什么？"由于很难回答这个本来属于常识性的问题，老师给他举了一个例子："比如说你身上的衬衫，如果你有钱，就可以买两件。一件穿脏了，你就可以换另外一件。"这也许是第一次有人向他解释财富是怎么回事。

个案二

　　大名鼎鼎的乔布斯在十七岁休学之后，仍留在校园里蹭课。那时他没有宿舍，睡在友人家里的地板上，靠回收空可乐罐换钱买吃的。每个星期天晚上，他都要走 7 英里路，绕过大半个镇去印度教的克利须那神庙（Hare Krishna Temple）吃顿好吃的。二十岁时，他跟史蒂夫·沃兹尼亚克（Steve Wozniak）在爸妈的车库里开始了苹果电脑的事业。因为拼命工作，苹果电脑在 10 年间从二人的一间车库发展成为一家员工超过 4000 人，市价 20 亿美金的上市公司。

　　这样的例子比比皆是。人们往往只羡慕成功人士的辉煌与成就，但他们创业之初的动机和艰难却常被忽略。乔布斯曾经说过创业的感受："那一点都不浪漫。"为了解决生存问题，很多人经历了别人无法想象的艰难。

　　不管以怎样的动机开始，最终的结果往往不同："有人只能称为生意人，为钱而活；有人只能算商人，以利益为重；而有人则成为企业家，为社会创造环境。"企业家的基本素质包括四个方面：有眼光，有胆量，有组织能力，有社会责任感。企业家区别于商人的最大特点是社会责任感。也就是说，不管你最初的创业动机如何，当你开始承担社会责任时，已经成为企业家了！

有些人跨越了生存恐惧，经历了财富积累的难关之后，社会责任感油然而生。可有些人一直停留在生存恐惧和自我利益中，不论财富多少，都与企业家无缘。对照你的现状，你觉得自己现在是怎样的身份？你满足了内在对事业的渴望吗？你现在的事业给你带来了幸福和成功的感觉吗？这份事业符合你内心真实的需要吗？

一个冷血的歹徒被警察打死后，天使出现了，说可以答应他的任何要求。开始歹徒对自己可以进入天堂感到难以置信，随后他慢慢接受了这个事实，提出各种贪婪的要求：金钱、山珍海味、美女……每次都能如愿以偿，他感觉好极了。但是，慢慢地，他就没有那么开心了。这种不劳而获的生活让他感到无聊。于是，他请求天使让他做一些有挑战性的工作，天使回答道："这里什么都有，就是没有事情可做。"在没有任何挑战的情况下，他越来越不开心。终于，他向天使提出了离开天堂的请求。他说就算是去地狱，他也要离开。忽然之间，天使变成了魔鬼的样子，笑着向他说道："你早就在地狱了！"

这是许多追求享乐者误以为"天堂"的地狱。没有目的和挑战，生活变得毫无意义；如果只想着享乐，逃避挑战和问题，逃避责任和付出，那和动物有什么不同呢？

一个好的企业家要帮助员工在工作中找到更多意义和幸福感。要激发员工的才华和潜力，让他们有更大的发挥空间，在公司运作中扮演更重要的角色，感受到他们的业绩是有意义的，而不只是旁观者。每个人都需要这份挑战带来的价值感。

心理学家付费给一些大学生，满足他们的基本需求，对他们的要求就是什么也不能做，禁止他们进行任何工作。在4~8小时后，这些大学生开始感到沮丧。尽管参与研究的收入非常可观，但他们宁可放弃参与实验而选择那些压力大，收入也没这么理想的工作。

积极心理学家米哈伊·西卡森特米哈伊致力于研究高峰体验和巅峰表现。他说："人类最好的时刻，通常是在追求某一目标的过程中，把自身实力发挥得淋漓尽致之时……无论是在山谷还是山巅，我们生来就是为了奋斗攀登，而不是放纵享乐。"完全没有挑战的，享乐主义的生活不可能带来幸福。

很多父母为了保护孩子，不让孩子受苦受累，希望给孩子创造一个唯美的世界，通常是满足孩子所有要求，把他们和所有挑战隔离，给孩子制造舒适的生活环境，却不知这样反倒剥夺了孩子奋斗的机会，也剥夺了他们克服困难、体验巅峰状态的经验。我在越来越多的有钱人，包括出身富裕的孩子身上，看到越来越多的不幸。有人称之为"富贵病"，我称为"特权的诅咒"。这可以解释为什么抑郁症的患病率会不断上升。

巅峰理论研究发现，当个体完全沉浸在体验本身，体验本身就是最好的奖赏和动机。享受巅峰般的体验，展现最好的状态，感受快乐，全神贯注。这种状态是在有目标的前提之下，人们必须承受难易适度的压力，才能发挥100%潜力，享受过程中的快乐。从这个角度说，"无痛则无获"。

从人们成长的需要来看，挣扎、困惑和挑战都是不可或缺的。即使父母有能力为孩子创造舒适的生活环境时，也要推动孩子们去实现他们的人生目标和梦想，开创他们的事业，任凭他们自己去突破挑战。这听起来似乎不合常理，但我们必须抑制自己本能的保护冲动，让孩子在工作和事业中有尝试的权利。

塞缪尔·斯迈尔斯在1858年提到："我们应该教育所有的孩子，生命中真正的幸福和成就感必须依靠自己的力量付出与努力，而不是借助旁人的帮助。"如果家长们帮着孩子逃避问题和挑战，结果只会是未来的不幸。"人类的最大诅咒，就是事事顺心如意，无须努力，最终导致希望破灭，再无奋斗之心。"当面临挑战时，孩子其实和大人一样，他们会在成功中找寻意义，并且享受努力实现目标的过程。在顺境中被动的成长无助于获得幸福，而主动做出有价值的行动并朝着自己的目标迈进更容易感到幸福。

唐纳德·赫布在1930年的研究证实，当改变对工作的偏见时，工作学习都变为幸福的体验。600 个 6~15 岁的学生得到信息：他们不需要再做家庭作业。如果他们不乖，他们就会被罚出去玩，如果他们好好表现，他们会得到更多功课。短短一两天内，学生们都选择了好好在课堂上表现。如果我们可以学会改变对工作的态度，把工作视为一种特权，而不是责任，我们不但会感到更幸福，也可以在学到更多的东西时有更好的表现。

比尔·盖茨给年轻人的十个忠告

1. 生活是不公平的，我们要学会适应它，因为你管不了它！

2. 这个世界并不会在意你的自尊，而是要求你在自我感觉良好之前先有所成就。刚从学校走出来时你不可能一个月挣 100 万美元，更不会成为哪家公司的总裁，还拥有一辆带电话的汽车，直到你将这些都挣到手的那一天。

3. 如果你认为学校里的老师过于严厉，那么等你有了老板再回头想一想。

4. 卖汉堡包并不会有损于你的尊严。你的祖父母对卖汉堡包有着不同的理解，他们称之为"机遇"。

5. 如果你陷入困境，那不是你父母的过错，不要将你理应承担的责任转嫁给他人，而要学着从中吸取教训。

6. 永远不要在背后批评别人，尤其是不能批评你的老板无知、刻薄和无能。

7. 在你出生之前，你的父母并非像他们现在这样乏味。他们变成今天这个样子，是因为这些年来一直在为你付账单，给你洗衣服。所以在对父母喋喋不休之前，你还是先去打扫一下自己的屋子吧。

8. 人生不是学期制，人生没有寒暑假，没有哪个雇主有兴趣协助你寻找自我，请用自己的空暇做这件事吧。

9. 电视上演的并不是真实的人生，现实中每个人都要离开咖啡厅去上班。

10. 善待你所厌恶的人，因为说不定哪一天你就会为这样的一个人工作。

第二节 定位生命中的事业

案例一

　　高三学生李丁在报考志愿时遇到了困惑。他爸爸希望他学生物工程，理由是这个专业将来有好的发展前景。妈妈希望他未来考公务员，因为地位高，生活比较稳定。他自己则喜欢学天文。一家人意见不同，争执不下。他非常痛苦地给我打电话，并反复询问："我不明白，人为什么要工作？为什么只能以收入多少、身份高低来选择工作？难道自己的梦想真的没有用吗？"

案例二

　　一位在外企做审核工作的李先生在他四十岁春风得意的时候，换了一份工作。他开了一家培训公司，致力于家庭教育与幸福人生的心理培训事业。这对他来说是一个非常大的转变。他遇到了很多难题：资金短缺、导师选择、招生宣传等。为此，他付出了很多精力，事必躬亲。许多人都劝他："这么难，何苦呢，还是回到原来的行业里吧。"可是他却满面笑容地说："我终于找到了我最喜欢、最有意义的工作，我后半

77

生就做这一件事——帮助更多的家庭幸福。这是我的使命！"

我们换个角度，用一个有点老套的话题展开讨论：人为什么要工作？工作有怎样不同的境界？

这样一个案例，也许可以启发你的思维。

一个建筑公司欲选聘一名懂技术的现场管理人员。负责人来到其中一个施工现场，去问那些埋头工作的砖瓦工：你在干什么？为什么要在这里工作？

一个工人看了他一眼，没好气地说："这还用问吗？我在出苦力！不工作吃什么？每天累得臭死，还不是为了那点活命钱？"另一个工人说："我在砌砖墙！我爸就是干这个的，我只能接他班干这个了。"第三个工人则说："我在砌墙！你知道这里在建一座最有特色的高楼，再过半年，你就可以看到我们的胜利成果了！"说这话时，他带着很多兴奋和憧憬。

假如你是选拔人才的负责人，你会选谁呢？

第一个人生活在谋生的被迫与抱怨中，第二个人活在无奈、无望的被动中，而第三个人热爱工作，有自己的梦想。他充满热情地将个人价值与工作融合在一起，也许他才是一个主动为事业而活着的人！同样的辛苦和付出，却有不同的感受，这就是工作与事业带给人不同的价值与收获！

一般来说，一个人的工作几乎占据了生命中最重要的黄金阶段：从二十二岁开始工作到六十岁左右退休，这四十年的工作生涯是一个人生命中最宝贵的时光。你是打算停留在维持生存的工作状态，还是找到自己的目标、创造自己的生命工作，实现梦想和价值？这是一个需要思考和讨论的重要问题，也是要对孩子从小就要引导和教育的内容，用现在很多人熟悉的时髦说法叫作职业生涯规划。

工作，是指一个人为了谋生所从事的职业。应该说，85%以上的人都是在"工作"。很多人在找工作时只顾及收入等外部条件，往往忽略自己的内心感受及与能力、兴趣的匹配度。比如，许多人选择做公务员或者在银行工作，因为这样的工作比较稳定，社会地位比较高。但也许并不喜欢和适合这份工作，他们只是为谋生不得已而为之。只把工作作为任务和赚钱手段，他们每日上班所期盼的，除了薪水就是节假日。

生命工作，是指个人主动选择与个人天赋、使命感相连的，有内心自豪感的，可以实现个人价值，为其他生命服务的工作方式。当不再为谋生而工作，不再局限于工作时间和方式，主动投入并规划自己的事业时，就是在开展生命工作。这可能表现为自主创业，可能表现为完全不计代价和报酬。工作本身就是目标，力量源于内在，对工作充满热情，实现自我价值。工作对他们来说不是打工而是恩典，不是"我可以做什么"，而是"我想做什么"。

这是一种比较高的境界，但并不是说生命工作专属于"高大上"

的成功人物。我接触过很多普通劳动者，他们因为找到了自己的生命工作，非常快乐而幸福地享受着工作带来的一切。他们将工作视为崇高的服务，在自己的天赋领域中努力，以崇高的敬意及正直的态度对待每一个被服务的生命，不管什么工作，都会添上额外的尊严。

案例一

　　一个三十多岁的发型师，他十三岁就因家境贫寒，辍学到南方打工。后来做理发学徒，他受过很多苦。二十多年下来，他练就了好手艺，也开了自己的发廊，有了自己的团队。他参加过很多培训和学习，包括心理激励和创伤处理、演讲导师课程等。他说自己找到了这辈子真正想做的事，就是帮助更多人变得更美！他不仅做发型，更重要的是开发型培训学校，帮助更多的美发师成长。他说自己每天工作十几个小时都不觉得累。他说自己每天都会安排三个免费美发名额，而且真的享受这个过程。每当看到顾客离开时充满了自信，他觉得是最大的幸福。

案例二

　　一位近四十岁的女士，本来做外企高层管理者，有足够的收入和体面的工作环境。但是她一直觉得做得不开心。她爱穿漂亮衣服，对服饰搭配有着独特的天分。经过几年的矛盾斗争之后，她终于决定辞职，开了家服装店。她到处寻找漂亮的、有风格的棉麻衣服，把自己的店面装饰得别具特色，充满感情地向顾客介绍自己的衣服，介绍服饰搭配的技巧，为每个人推荐最适合的衣服，有时卖出某件珍藏的单品会心疼得掉泪。这份痴情于服装的专注让她很快就吸引了一大批顾客，天南海北的顾客通过微信与她建立了连接。短短半年，她就开出了两家分店，成了连锁服装店的老总。

由此可以看出，每个人都有属于自己的生命工作。一份工作可以称为生命工作，需要具备几个特点：

1. 心甘情愿，乐在其中，充满激情。

2. 与个人的兴趣相匹配，做的是自己喜欢的、适合和擅长的事。

3. 所做的能体现个人价值和生命意义，有一种"我就为这件事而来，我就是为这件事而生，舍我其谁"的使命感。

4. 与为其他生命服务相连，不是"独乐乐"的自我陶醉，总有生命因得到服务而不同。

只有极个别的人会非常幸运，从小就知道自己最爱的工作并有机会去做。现实生活中真正从事生命工作的人少之又少。大部分的人都在被迫工作，"生命工作"听都没听过。有人说：不要说得那么高深，工作哪有乐趣可言？

大部分人四十岁之前是为谋生而工作的，四十岁之后才可能找到自己的生命工作。可是调查发现，真的能在四十岁之后找到并从事自己生命工作的人不到10%。也就是说有80%~90%的人一生都在被迫工作，从开始上班就在盼着退休，熬着日子。为什么呢？

教育的局限性。中国传统关于职业教育有两个倾向，一是工作本身是辛苦的，无快乐可言；二是要做一颗螺丝钉，拧在哪里哪里行。在这样教育中成长起来的人，就产生了关于工作的局限性信念：没有资格让自己开心、快乐地工作；工作就是养家糊口，要有责任心；工作就是干你所学的专业，工作就是按部就班。

谋生的恐惧心理。这个世界竞争很残酷，要去跟大家竞争。"有工作才能活下去，没工作就只能去要饭"，从小到大的叮咛成了人们深层的恐惧种子，不可能也根本不敢奢求以快乐轻松的感觉去工作。即使工作做得努力，也是为了缓解恐惧和压力。

个人兴趣和特长被忽略。从读书开始就以分数作为唯一重要的评判标准，人们没有机会开发个人深层的兴趣爱好，若专注于个人兴趣就被认为不务正业，更不可能将个人兴趣爱好与未来的职业愿景相连接。所以选择大学、专业基本只以薪酬、地位等外在条件为标准，内在的兴趣、爱好、特长早在读书期间被压抑了。

内心感受被压抑。除了求生存的恐惧和焦虑，人们有多少时间允许自己想想这些问题：我最爱的是什么？我最适合的是什么？我最擅长的是什么？什么会让我充满激情？什么在我内心蠢蠢欲动，让我听到它的召唤？

缺乏使命感。从小到大被教育要为了自己、自己的家人有饭吃而学习、工作。人们的视野基本局限在"我""我家"这个小范围内，很少想到利他，为更多的生命服务。所以"劳心者治人""劳力者治于人"，人们都争着做人上人，视为别人服务为低劣和卑贱。我们的文化更多是"索取"而少"服务"。能把自己养活就不错了，管不了他人。殊不知，当一个人真的愿意为其他生命服务，付出爱与力量时，一定会获得更多的爱、帮助与资源，生存自会变成一件简单的事。

　　我曾为一个高一班级的学生上过一节职业生涯课程。课前问及他们对未来的职业设想，99%的学生异口同声回答：考大学，找个好工作。好工作的标准是挣钱多，最好是企业白领，最好一年十万以上收入，可以买房、买车……他们如此整齐划一地设计自己的好日子和未来！但同时他们又不相信大家毕业一定会实现这些目标，甚至他们在质疑上学的必要性！我听完感慨良多。

　　我为他们做了一段冥想，引导他们看到自己来到这世界的使命是什么，引导他们看到自己的特长，看到他们因为这些特长而为其他生命服务。他们每一位就像是一颗独特的钻石，世界因有他们而变得美丽、精彩！二十分钟后把他们唤醒，问他们在放松状态下看到了什么，看到自己未来的生命工作是什么。他们的答案立刻变得丰富多彩，有要做动物收养员的，有要做玩具设计师的，有做电脑程序设计员的，还有做社区义工帮助孤寡老人……这时孩子们的眼中放着光，开始充满激情，被内在的力量推动着，想去行动了。他们的学习状态有了明显不同！很多老师和家长好奇我做了些什么，我说只是催熟了他们内心生命工作的种子而已。这是一个人生活的真正动力。

你希望自己的孩子怎么样呢？你怎么教育孩子？是教他们为了财富被迫感受忙碌奔波的痛苦，还是教他们为了快乐过无忧的日子？享乐只会带来空虚，那你怎么帮助孩子解决呢？

如何寻找和靠近自己的生命工作呢？

你为什么生活在这个星球上，你用什么样的方式为地球上的其他人服务，这就是你的工作，你的人生使命。

寻找你的生命工作——你是否知道在你的生命中，有什么使命是一定要达成的？你知不知道在你做些无意义事情的时候，这些使命又蒙上了一层灰尘？

心理学家马斯洛说："人类最美丽的命运，最美妙的运气，就是做自己喜爱的事情，同时获得报酬。"我们生来就随身带着一件东西，它指示着我们的渴望、兴趣、热情以及好奇心，这就是使命。你不需要任何权威来评断你的使命，没有任何老板、老师、父母、牧师以及任何权威可以帮你来决定。你需要靠你自己来寻找这个独特的使命。

20世纪神话学家约瑟夫·坎贝尔说："那真是神奇的时刻，我甚至形成了一种迷信——世上确实有看不见的力量在帮我——只要你跟随自己的天赋和内心，你就会发现生命的轨迹原已存在，正期待你的光临，你所经历的正是你应拥有的生活。当你能够感觉到自己正行走在命运的轨道上，你会发现周围的人开始不断地给你带来新的机会。不要怕，听从你内心的召唤，当你迷惘的时候，生活就会向你敞开大门。"

不管你现在是否有成功的企业，都让自己平静下来，先从冥想开始！

找个安静的地方，放松地坐下来。先从呼吸开始，感受每一次向外呼气的感觉。让身体开始放松下来，从头到脚。带着这份放松的感觉开始邀请自己内在的智慧，请它在接下来的时间里支持自己，让自己可以寻找到此生来到这个世界的使命，找到你的使命。这会让你更加有效地做好你的生命工作，你这一生会过得幸福快乐而有意义。

当你准备好了，就请内在智慧帮你看到下面的情况。当你是一颗种子，刚刚种到妈妈肚子里时，你有什么决定？此生你为什么而来？你用什么方式服务这个地球？你用什么方式与这个世界连接？你可以看到、听到、感觉到怎样一些影像、声音？不管是什么都先感谢你的内在智慧，谢谢它的帮助。假如有些信息你感受不清晰，也可以邀请你内在智慧给你些更清晰的信息。不管怎么样，你都可以继续进行下去。

现在让你看到你此生的生命之路，从过去通向远方。看看刚来到这世界的你用什么方式在了解这个世界。他带来了哪些特殊的能力和资源？是表达和社交能力、动手操作能力、身体运动协调能力、艺术创造能力，还是管理人和物的能力、逻辑思维能力？或者这些能力你都具备了？

看看当初那个幼小的你，做了怎样的事，让周围的大人们很惊奇！他们给了你很多肯定，让你感受到自信。你好像被大家的肯定提醒了，也发现了自己这个能力确实存在。

就这样陪着当年的你一直往前走，看看他进入幼儿园、小学、初中、高中直到参加工作，积累了哪些被肯定的经验。看看他内心的梦想都是什么，看看他什么时候最兴奋、最有激情，再看看他一路上积累的那些经验怎样可以帮到身边其他的人，别人会因为你提供的服务和帮助，发生怎样的变化，他们用怎样的方式感激你、肯定你。

做几个深呼吸，把这些美好的感觉吸入自己的内在，进入你的每一个细胞、每一寸血液，流动到你的全身，加强这份感觉的体验。

你做什么事情很容易，别人却觉得很难？你也许听到有人对你说："你真是做这事的天才！""你就是做这事的料！""这事缺了你不行！"

好好享受这些感觉，慢慢找到在你成长中的这些珍贵片段，你才发现原来这一切都是发生在这条生命之路上宝贵的经验记忆。而你现在只要回忆起来，看到它们，就发现所有的经验已经变成宝贵的资源，并融入你的身体里。你已经真切地看到自己带着怎样一个大大的资源宝库来到这世界，你就是在用你独有的这些资源为其他生命服务。这就是你独特的生命工作！

带着第一次靠近自己内心宝藏和生命工作的欣喜，让自己慢慢地醒过来，回到房间里来。把你的发现写或画在纸上，然后整理一下思绪，分享给你身边的人，你在今天发现了什么？

你发现自己目前所做的就是你的生命工作吗？恭喜你，你真的明白自己为什么会如此成功且开创了这份让你幸福的事业！

你发现自己内心渴望的与现有的工作不符合吗？问问自己，是否还要坚持现在的工作？即使继续下去，你需要什么为你未来去做生命工作积累经验和财富。你打算到什么时候，做好什么准备，开始你的生命工作呢？

这样的练习你可以经常做，每一次也许会有不同的发现，把每一次的发现串联起来，你会跟自己的生命工作越来越亲近，越来越熟悉！

一、信念种入法

这个练习你可以一个人做，也可以请三四个好友一起帮你做。先让自己放松下来，在一个宁静自在的状态下，让内在智慧自然流露出来。在纸上写下与生命工作有关的支持性信念，看看下面哪一句会提醒你，触动你。

· 我可以做我喜欢的事。

· 我来地球的使命和特殊贡献就是我的生命工作。

· 我拥有我要用到的一切。

· 我的工作是重要的。

· 我的贡献是特别的，是他人所需要的。

· 我有能力、有资格去做我喜欢、想做的事，我爸爸允许我去做喜欢、擅长的事，我妈妈允许我去做我喜欢、擅长的事。

假如自己做，就在镜子前，看着自己的眼睛，大声说出你最有感觉、最触动你的那些话。建议尽可能紧盯着眼睛，头不转动，眼球也不眨动，声音足够大，能够流畅地说出来；假如有情绪出来，允许自己跟这份情绪在一起，直到慢慢平静下来为止。

假如有人帮助你，那就请他们分别扮演你生命中重要的人，比如父母、老师、领导等。分别请他们对你说一句刚刚选中的话（把每句中的"我"转换成"你"）。请他们坐在你的四周，你坐在他们中间，闭上眼睛，听他们在你耳边大声地对你重复这些话。就像回到儿时，你的爸爸妈妈在对你一次次强调你可以做什么，他们允许你去做什么一样。他们可以大声、小声重复很多次，直到你觉得可以覆盖住你成长中不被允许的那些信念，并且已经得到新的允许，可以自信地开展自己的生命工作为止。

二、列出你的生命工作资源清单

用这样的清单，发现你内心真正的需要：

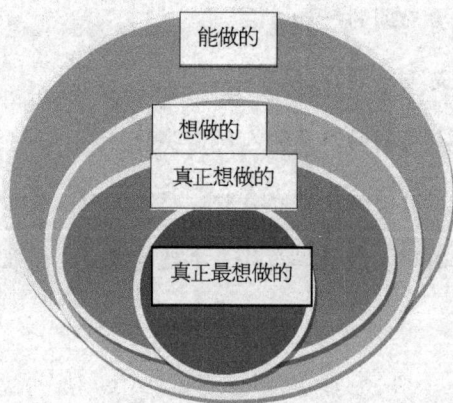

能做的

想做的

真正想做的

真正最想做的

让自己静下来，在纸上逐一写出下面问题的答案。

1. 从小到大，你最喜欢做的事是什么？

2. 平时工作中，你喜欢运用哪些技能？

3. 你的嗜好是什么？

4. 哪些事可以吸引你、让你兴奋？

5. 你对什么事充满热情？

6. 假如没有钱和外界任何条件的限制，你会在哪里，做什么？

7. 假如你可以随心所欲地实现内心最深处的一个愿望，那是什么？

8. 如果今天是此生最后一日，我要做些什么？

完成这份清单，找个朋友分享一下，看看自己发现了什么。朋友会给你怎样的建议？截至目前，你是在做自己喜欢、擅长的生命工作吗？或者你已经听到了内在的呼唤，开始准备起程了吗？

三、把你现在这份工作变成你所爱的

乔布斯曾说过："你的工作是你生命中的重要部分，唯一可以让你真正快乐的方法是去做你认为伟大的工作，而唯一能够做出伟大成就的方法是热爱你现在所做的工作，如果你还没找到其他事。"即使是在最受限制、最乏味的工作里，每个人一样可以为工作赋予新的意义。医院清洁工可以是无聊的、辛苦的，也可以是有使命的，因为我的清洁为病人缓解了病痛，优化了疗愈环境。

假如你不够幸运，到现在还没找到你的生命工作，那么改变你对现在这份工作的态度和看法，学到这份工作可以给你的经验与能力，就是在靠近你的生命工作，就是你在为生命工作做各种准备。所以，一边爱上这份工作，一边继续找，别停下来。全心全力，你知道自己一定会找到！随着时间推移，情况只会变得越来越好，所以在你找到之前，继续找，别停顿。当你准备好了，你的生命工作就是你这一路上独特的学习经验的整合。这是属于你的，是无可代替的。你会发现人生历程没有一点多余和浪费，直到回头看时，才会发现每一个经历、体验就像一颗颗珍珠，穿起来就是属于你的项链。

就如乔布斯所说："你不可能把点点滴滴事先串联起来，只有回首往事，你才能把它们串联在一起，所以你得相信，眼前你经历的种种，将来多少会连接在一起。你得信任某个东西，直觉也好，命运也好，生命也好，或者业力。这种做法从来没让我失望，我的人生因此变得完全不同。"

每天不得不做的事情和想要做的事情的比例决定幸福感。所以增加想要做的事，减少不得不做的事，会增加工作幸福感。审视一下你现在的这份工作：

1. 这份工作对你有什么挑战？你在其中提升了哪些能力和经验？

2. 你在这份工作中最快乐的记忆是哪些？

3. 你在这份工作中印象最深的事是什么？

4.你通过为他人服务得到了怎样的收获？

5.你的工作如何在他人生命中带来了改变和意义？

我个人的成长经历也是这样的。做老师，是我小学时的梦想。这得感谢我的父母，曾经给了我那么一个孤单寂寞的童年，尤其是出生前两年。也许那时就种下了我渴望被看到的种子吧。我十八岁师范毕业留校，做行政人员，跑腿打杂，开会报表，感受到自己这么不喜欢这份工作。但因为感恩学校能将我留校，我非常认真地学习工作了两年（第二年就被评为优秀教育工作者），然后申请去读大学，学心理学教育。我还是渴望做老师。带着这个动力，我非常努力地学习。那几年，很苦很忙但收获非常大。毕业之后回原单位，终于做了老师，终于圆了讲台梦。后来无论是做团委书记，还是校办主任，我都继续代课。只有站在讲台上，我才感觉到自己的价值；只有以心理老师身份与学生互动，我才真实地感觉到自己的喜悦。

为了做专业心理教师，有更多的机会成长，后来我停薪留职，到南方民办学校工作，不知不觉中误做了兼职招生。校领导发现我的销售才能，可我不喜欢与课堂、专业分开的感觉。我感觉自己的天分是做咨询，与人做深层沟通。为了圆梦，我情愿放弃高薪工作，去做专职中学老师，慢慢地走上了心理培训的路。我发现自己的天分是讲课，带领学员成长，分享亲子关系的理念与技巧。这样不厌其烦、一场场地做下来，累并快乐的喜悦，是只有自己体验得到的满足！

　　我的老师一直用使命感推动我做更多的事，可我活在小我的恐惧和局限里，抗拒这样的推动。同时我被一种无形的力量推动着，不停地到处奔波学习，接待一个又一个来访者，一场场地讲课……我很忙很累，抗拒这份忙和累，但觉得自己还没有活好，没有力量照顾其他人。直到去加拿大学习《再连接疗愈》课程，我面对那位老师时脱口而出："我想把你请到中国去，中国人口那么多，太需要这样的学问。"那一刻，我听到内心为更多生命服务的声音！完成学习回到国内后，我就开始了高强度的疗愈过程。一天十几个小时都在疗愈室中工作，竟然不觉得累和辛苦，人反倒越来越有力量和轻松。我不知道到底是因为疗愈的神奇，还是因为我的心大了，流回来的能量更多了。反正我开始进入了高强度的工作状态，但内心的喜悦越来越多了！

　　慢慢地，我感觉自己内心又有个声音在呼唤："这一切都不是真正的我，我还有很多才能没有施展出来。没有人真正了解我、懂我，我还会很多东西，人们没看到我真正的价值。"

　　我开始顺从内心，顺应系统的安排，跟随内心"唤醒别人、做他的生命工作"的声音，我终于找到了自己的生命工作——帮助人们放下生存恐惧，找到自己喜欢做、愿意做、可以为他人服务的生命工作，让有需要的人找到为世界做贡献的独特途径。

　　内在的动力苏醒，外在的因缘也具备，一个新的平台自然而然聚集起来，同道者自然而然地聚集起来。我开始培训亲子导师，设计课程、搭建平台，与不同的人沟通，做所有我曾经不屑和不愿做的琐事……我忙得不可开交，工作量比以往增加三四倍，但因为心甘情愿，所以不苦不累不抱怨，反倒越忙越开心、越轻松、越健康。

我利用所有机会分享寻找生命工作的方法，用技巧帮学员释放恐惧，与内在智慧连接。我发现我的职业旅程每一步都是为我的生命工作做储备，没有一点浪费，无论是我喜欢做的，还是不喜欢做的，都奠定了我生命工作的基础。

我告诉自己的女儿：尊重内心的声音，做开心快乐、能为他人服务的工作。我支持她学纯艺术，不考虑谋生而去学设计；我告诉她如果做了自己喜欢做、擅长做、为他人服务的事还不能养活自己的话，我来养活她！我还告诉她，把每天的每件事做好，让不喜欢的事转化为喜欢的，积攒对未来生命工作的所有价值。女儿每天都在快乐的学习和工作中感受着幸福，她的生命状态吸引和感动了很多人。

你可以感觉到我从事这份工作的激情和喜悦吗？你一定明白我用如此多的篇幅分享关于生命工作的动力所在了，每当看到一个又一个人找到自己的生命工作，开始全神贯注、鲜活地焕发潜力和激情，体验自我超越和为他人服务的幸福，你一定体会得到我的幸福，我生命工作的价值和意义！

四、成为你优势方面的大师

你的优势就是你生命工作的资源，这些优势跟你的兴趣有关，是你与生俱来的天赋和特长。你的任务是寻找自己的优势，加强自己的优势，直到成长为大师，如此才能因你的独一无二担当起生命工作的重任！

因为你的优势，你给别人的生活带来了许多与众不同、超乎寻常的价值，这些价值帮助他们生活得更加美好，提供了许多在别的任何地方都不能得到的东西。所以他们都想跟随你，为了更多的价值追随你。

1. 你能轻松自然地做哪些事情？

2. 你的服务对象愿意在哪些方面向你支付报酬？

3. 你的单位愿意在你的哪些方面向你支付报酬？

4. 别人曾经说过你擅长做哪些方面的工作？

5. 哪些活动能使你活力无限？

6. 哪些活动使你筋疲力尽？

7. 在假日，你最愿意做哪些事情？

8. 在别人身上你看到了哪些你也拥有的品质和技能？

9. 以往令你激动万分的时刻，你正在做哪些真心喜爱的事情？

10. 你羡慕的人是谁？这些人拥有哪些品质和能力？这些品质和能力你也拥有多少？你还能在哪些方面有所发展？

11. 制订一个计划，以便你能从优秀达到大师的境界，或者从门外汉走上大师的位置。为了帮助自己看到自己的进步，你设定了哪些标记？什么时候知道自己已到达目的地？

12. 你凭借什么出名？

13. 什么样的事可以挑战并发挥你的潜力？

拥有能力或优势并不是问题的关键，因为每个人都有某些独一无二的优势和能力，关键是强化自己的优势，并且围绕着它设计自己的生活方式。把事情做得更好，在所擅长的领域成为大师级的人物，让自己不再像其他人那样普普通通，并不断滋润自己的心田和精神。

"成为最好的"意味着发挥你的最大优势，把精力放在你做得比较好的领域，成为本行业中最好的。不要试图把精力放在衡量你的竞争力同别人相比有多少优势等方面，而应最大限度地发挥自己的优势。这样成功就会主动来寻找你。你必须把卓越转变成你身上的一个特质，最大限度地发挥你的天赋、才能、技巧，以高标准严格要求自己，把注意力集中在那些将会改变一切的细节上。从现在开始尽自己最大的能力去做，你会发现生活将给你惊人的回报。

最好的企业领导人，他们已经为自己的事业积累了丰厚的财富，在自己的行业里是大师级人物，所以人们被他们的优势所吸引，钱财源源不断地从世界各地涌过来。有优势的大师了解他们所从事行业的基本规则和情况，他们知道要想成为有竞争力的人需要做哪些事情。但他们并不像其他人那样满足于现状，所以他们集中精力力求成为本行业中优秀的人物。他们能注意到别人没有看到的微妙之处或细微差别，更重要的是他们开始构思和发展新的想法和战略，因为他们是该领域中的顶尖人物。他们提出许多优秀的理论，这些理论是一般人从来没见过或者没有考虑到的。他们是大师，但他们还在不断地学习、成长、发展。

一位女士特别善于绘画，但她并不知道如何利用绘画使自己过上幸福的生活。她现在的本职工作是做婚礼筹划人，发婚礼邀请函，签订合约，有时也教授绘画课程。

我与她讨论一个问题：绘画大师是用什么方式来赚钱的？

第一种：开发出一系列如何精通绘画的丛书，提供给那些想优化自己技能的读者，并把这些丛书推销给成千上万的书店和艺术供应商。

第二种：为绘画教师编写一本如何提高学生绘画技能的教材。

第三种：大大优化自己的绘画风格，以便能开发出一种崭新的、拥有特殊风格的专利权，并把它卖给成千上万的使用者。记住，是只属于自己的特殊风格。

第三种才是大师们应该做的事情——开发自己的特殊风格，而且要按照市场的需求来包装自己的优势。经过讨论，她接受了第三个方案，并且非常开心地开始尝试。三年后，她已经凭自己的独特绘画风格拥有了一大群忠实的学员和粉丝，再也不为生计发愁了。

五、寻找你生命的最高意义和价值

"活着就是为了改变世界，难道还有其他原因吗？""不要为别人而活，也不要为今天的自己而活，把今天的工作做好了，明天自然属于你，薪水自然比别人高。"乔布斯这样告诫年轻人。同他一样身患胰腺癌的兰迪博士，在过世前曾经做过一场风靡全美的讲座——《真正实现你的童年梦想》。其中讲到了真正伟大的目标是帮助别人完成梦想，做一个助人圆梦者。他的演讲激励了李开复。李开复从一个资深的职业经理人的角色脱身而出，带着极大的热情，变成一个带领年轻人的创业者，一个互联网"创新工场"的带头人，一个创业者的教练。他说："我发现，帮助他人实现他们的梦想，是唯一比实现自己的梦想更有意义的事情。我越来越相信，当我已经完成了很多梦想之后，我更大的愿望是帮助中国的年轻人圆梦。这将比个人的成功更有意义，也可以将我个人的力量尽可能地放至最大。"

无独有偶，中国互联网老大马云也曾于2008年专程去向名列日本经营四圣之一的稻盛和夫先生请教"企业家灵魂问题"——人为什么活着？先生说，人生的目的在于提升心性，磨炼灵魂，在于为世人、为社会做奉献。只有心灵纯洁、人格高尚的人才能一辈子为别人、为社会做贡献，而不计较个人得失。只有具有"利他经营"的思想，才能让自己人生的每一刻都活得充实，活得精彩，才能把自己的潜力发挥得淋漓尽致，才能让事业获得持续的成功，才能让自己和他人幸福快乐。

那么，你如何确定自己生命的最高意义呢？创业至今，企业发展到今天，你觉得应该怎样看待自己的人生目标和价值呢？你会怎么引导自己的孩子找到自己的人生目标和价值？

美国当代精神导师狄巴克·乔布拉有三个孩子，他对每个孩子从小就这样说："你们来到这世界是有独特作用的，你们要用你们喜欢的、适合的方式为这世界服务。所以你们只要用心寻找自己最喜欢、最爱的、最适合的方式就好，不要费心一定读什么名校，也不要注重考试成绩。假如你们长大了，做自己喜欢做、适合做、擅长做，又能为别人服务的事，还不能养活自己，放心，爸爸养你！"

这个爸爸用与中国父母完全不同的方式帮孩子们建立生命意义和价值。他从孩子三四岁开始，就反复灌输自己的这些观点。他引导孩子们每天静坐，与自己的身体和内心连接。他为孩子们提供所有尝试和探索各种不同环境和感觉的机会。他每天睡前问孩子："你今天做了哪些自己喜欢、擅长，又帮助了别人的事？"孩子们在这种环境下主动、快乐地成长。他说："很奇怪的是，我再三坚持不需要他们在乎考试分数和学校等级。可他们从上小学起，成绩总是名列前茅。他们为自己选择和考上最好的学校，从初中开始就自己赚学费……"这个爸爸太过骄傲，太过冒险，但他就是这样为孩子从小种下"梦想"和"未来规划"的种子，并一路陪伴孩子，直到孩子可以照顾和规划自己的人生！

六、放下恐惧，听听内在的真正声音

恐惧和欲望会使你落入一生中最大的陷阱，不去探求你的梦想，这是残酷的。为钱工作，而不是为了梦想而工作，这是可悲的。不要让恐惧支配你的生活，不要让世界是匮乏的信念限制你的人生。

"你们的时间有限，所以不要浪费时间活在别人的生活里。不要被教条所局限，盲从教条就是活在别人思考的结果里，不要让别人的意见淹没了你内在的心声。最重要的是，要有勇气追逐你们自己的内心世界和直觉，它们多少已经知道你们真正想要成为什么样的人，其他任何事情都是次要的！"乔布斯就是这样听从自己内在的心声和直觉，坚持改变世界的梦想，他做到了。

他追随自己内心声音的方式是每天在空旷的办公室中央垫子上静心禅坐。他每一次作品问世之前，都通过这样的方式，让自己有足够的时间与自己的内在智慧连接，让创新的灵感在足够宁静的状态下可以出现。

伟大的创意只能产生于平静和喜悦。你可以每天为自己创造一个静心的时间，最好是早晨或晚上一个固定的时间，在一个相对固定的空间里，让自己放松身体。可以跟随一些静心音乐或者冥想引导词，也可以只跟随自己的呼吸，让自己体验放松和宁静，你就会听到自己内心的声音，真正感受到内心的渴望，听到生命的呼唤！

敢于梦想，成为你生命的大师

一位美洲原住民长者

我不在乎你做什么工作，

我只想知道，你所追寻的是什么，

以及你是否敢于梦想满足你内心的渴望。

我不在乎你现在年纪有多大，

我只想知道，为了爱，为了梦想，为了活着的历奇，

你是否会冒做傻瓜的风险。

我不在乎你的命运如何，

我只想知道你是否已经触碰你悲伤的最深处，

生命的背叛是否已让你开窍，

或是否因害怕更深的伤痛而畏缩并封闭你的心扉。

我想知道你是否能直接与痛苦在一起，

不逃避，不淡化，也不改变，

无论是我的，还是你的。

我想知道你是否可以与快乐在一起，

无论是你的，还是我的；

是否可以与野性共舞，并让那狂喜充斥到指尖与发梢，

而不去告诫自己要小心，要现实，要记住身为人的局限。

我不在乎你说的故事是否正确，

我只想知道，你是否肯容忍让别人失望，

是否肯容忍被称为叛徒，

只为不背叛自己的灵魂。

我想知道你是否忠诚而可信。

我想知道你是否懂得看到美，

即使生活不是每天都很美，

以及你是否懂得把造物主认作你生命的本源。

我想知道你是否接受失败，无论是我的，还是你的，

然后依旧立于夜之湖畔，

并对着满月的银辉高呼："好！"

我不在乎你住在哪里或者有多少钱，

我只想知道，

在整夜的伤心和绝望之后

你是否依旧会爬起来，

纵使人骨的疲惫与青肿，

却为了孩子们要吃什么而尽力。

我不在乎你认识了谁，

你怎样来到这里，

我想知道你是否会与我一起站在火的中央，

而不退缩。

我不在乎你所学何事，

所承何人，所读何处，

我只想知道，在万物都消逝时，

是什么仍让你守在内心。

我想知道，

你能否独处；

以及你是否真正喜欢

在你空闲时陪伴着你的人。

第三节　时时分享成功

案例一

　　小李在英国留学四年之后回国，在爸爸的企业里锻炼。爸爸希望他以后能接班，所以把他安排在企业里的每个部门实习。半年之后，他开始抑郁，不愿出家门。他来咨询时，已是非常低迷的状态。因为是他主动求询，所以还是愿意表达。他说："爸爸太强大了，我在他面前没有一点自信。他每天早晨都要训话，告诉我他的创业史、他的成就，教育我什么话不能说，什么事不能做。'我只许你成功，不许你失败！'这是爸爸的口头禅，我怕让爸爸失望，怕做错事让爸爸丢脸，所以小心翼翼地察言观色，在单位里不敢乱说乱动。越是这样，爸爸就越看不起我。我完全崩溃了，再也不敢见人，觉得自己实在糟糕透了！"他垂头丧气地表达自己的沮丧。

案例二

　　付同学在读大四，她在一家公司实习。从上大学以来，她每个寒暑假都在不同的公司里实习：公关公司、保险公司、广告公司、投资公司……她拿着一大沓实习单位证明，充满自信地介绍自己的成长经历。她说自己之所以这样做，就是为了了解不同的职业，积累各种工作经验，从中发现最适合、最喜欢的工作。"我吃了很多苦，也遇到了很多挫折，但是我很开心。能用这样的方式了解社会，了解适合我自己的工作方向，是很开心的事！我已经明白自己未来的工作方向是去做企业策划，我对未来充满信心！"

虽然你已习惯了讲述你的成功经验，但在此部分开始前，我还是想邀请你思考下面两个问题：一、描述你曾经的失败经历，主动地描述细节和环境。你从中学到了什么？二、这次失败是如何使你在未来取得成功？

成功始于允许失败和挫折的学习体验。不管你多么渴望成功，你都得先学会面对失败，面对一次次尚未成功的回馈信息。当你学会从中找到意义和价值时，你就开始走向成功了。

"在人生的最低谷，史蒂夫·乔布斯受尽了讥笑和辱骂，"他的朋友托德·鲁伦·米勒回忆道，"大家把他狠狠地踩在脚下，把脏水全都泼向他。但他表现出了一种坚忍不拔的性格和意志，他靠着内心强大的勇气和决心撑了下去，我不知道他是怎样做到的。"

乔布斯是怎么做到的呢？他说：

第一，不要丧失信心。"我确信，让我一路走过来的唯一动力，是我热爱我做的工作。我很确定，如果当年苹果电脑没解雇我，就不会发生这些事情。这帖药很苦。有时候，人生会用砖头打你的头，但不要丧失信心。"

第二，把每天当作生命中的最后一天。"十七岁时，我读到一则格言，好像是说'把每一天都当成生命中的最后一天，你就会轻松自在'。这对我影响深远，在过去的三十三年里，我每天早上都会照镜子自问：'如果今天是此生最后一日，我要做些什么？'"

第三，提醒自己快死了。"此生当我面临重大抉择时，提醒自己马上就要死了，是我用过的最重要的方法。因为几乎所有事情，包括外界期望、所有荣誉、所有对困窘或失败的恐惧，这些事情在面对死亡的时候全都消失了，只有真正的最重要的东西才会留下。提醒自己快死了，是我所知道的避免掉入丧失和畏惧陷阱的最好方法。"

李开复曾先后在苹果、硅图、微软、谷歌等公司担任要职，亲手创办微软中国研究院，就任微软公司全球副总裁，成为比尔·盖茨的七位高级智囊之一。2005 年，他加入谷歌公司，任全球副总裁兼大中华区总裁。2009 年，他创立创新工场。这是一个全方位的创业平台，旨在培育创新人才和新一代高科技企业。

他在跟年轻人交流时说："每个人都是经历无数的挫折和失败，才慢慢走向成熟的。最后的成功是由无数失败的经验促成的。因此，我想告诉那些曾经失败或者正在经历失败的年轻人，没有关系，不要沮丧，因为人生正是踏着失败的脚步走向成功的，我也一样。"

所以，当你允许自己好好总结失败经验所积累的财富，就会允许孩子在成长中经历各种失败和挫折，及时给他帮助和肯定，帮他从中发现学到的经验时建立大脑中的自信网络。

给予肯定才能建立成功的自信。一个人的自信不是天生的，自信建立的途径只有一条：多做、多做到、多因做到而得到肯定。所以父母要根据孩子不同年龄，为孩子提供充分安全的空间，推动孩子多去做（尝试各种好奇、感兴趣的事）、多帮助孩子做到（帮他建立成功的能力网络）、多因他做到而得到肯定（让他体验到成功后的快乐和信任自己的能力）。

这里所说的肯定与平时常用的表扬、赞美、鼓励不同。表扬和赞美往往是做得好时才能得到，是有条件的，并且往往是虚泛无针对性的，如"你真棒""你是 NO.1"等夸张用语。鼓励又往往暗含"你这次不够好"之义，甚至很多鼓励都用"还不错""没关系"等否定词，对方潜意识中接受到的往往是否定。肯定是如实客观地描述，实事求是给予强化。首先让对方因被肯定而得到关注，产生存在感，同时因某方面能力被描述而得到强化、认可，产生继续如此的动力。能力就在不断的肯定中反复训练，形成"我能行""我有资格"的神经网络，自信由此产生。研究发现，一个人的能力若转化成真正的自信，至少需要得到5000 次以上的肯定！肯定可以随时随地进行，不管对方做了什么，都可以给他至少四个方面的肯定：

重复对方说话中的重要字句。比如，你是说你被老师叫到办公室去了？

肯定他的情绪。比如，我感受到你非常沮丧、痛苦。

肯定他的动机。比如，我知道你很想得到老师的肯定，你想做个好孩子。

肯定他行为中可以被肯定的部分。比如，我很高兴你能告诉我这件事，我知道你害怕我知道会生气……

如此，每个孩子无论做什么、说什么都可以得到及时的肯定，或强化能力，或修正行为，都会让他得到丰富的经验。也因为对自己能做什么，不能做什么有了了解，孩子们才会更了解自己，为自己制定有效的目标，做到"言出必行，言出必准"。再加上充沛的精力，这些都会形成内在的信心。以这样的状态去实现目标，才会更容易成功。

觉察并放下傲慢。被称为日本"经营四圣"之一的稻盛和夫这样提醒所有人："并非只有失败才是考验，成功同样也是一种试练……有人成功了，就觉得自己很了不起，态度变得傲慢无礼，这就表示其人性堕落了。但也有人成功了，同时领悟到单凭自己无法有此成就，因而更加努力，也因此进一步提升了自己的人性……无论成功或失败，真正的胜利者都能利用造物主给予的机会，磨炼出纯净美丽的心灵。"

中国企业家中不乏毁于成功的案例。2008 年，黄光裕、牛根生都在成功中折戟。很多受苦的一线企业家，有着高远的志向，也创造了曾经的辉煌。可是在短暂的成功之后，他们却如昙花一现，再无叱咤风云之光芒。他们有的如土财主一样颐指气使，不可一世；有的则贪恋于色、财，玩弄权力于官场，在成功面前丧失了责任与"大义"，完全忘记了自己与员工、企业、社会、国家、世界的关系，这种没有对其他生命和更大系统尊重的傲慢，必然会导致失败和迷失。

稻盛和夫创建的京瓷株氏会社的社训是"敬天爱人"。这也是他经营哲学的核心概念，常以光明正大、谦虚的心态对待工作，拥有一颗崇尚自然、热爱人类、热爱工作、热爱公司、热爱祖国之心。敬天就是按事物的本性、客观规律做事；爱人就是利他，包括顾客、员工、利益相关者和社会。他创建了两家世界 500 强企业，缔造了京瓷四十余年从未亏损的奇迹，靠的是他敬天爱人的谦逊、敬畏之心。

让自己放松下来，做几个深呼吸，感觉自己置身于人群中。有自己的父母、长辈、上级和师长，有自己的同行同事，还有自己的下级，看看在人群中的自己站在怎样的位置，比较一下你和他们的视线，谁高谁低。他们是以你为中心吗？或者你面对某些比你高的视线会有压迫感，这些人是谁？他们的身份比你高吗？面对某些比你低的视线会有俯视感，这些人又是谁？他们的身份比你低吗？

现在，让自己看到父母、长辈、上级和师长，在他们面前蹲下来，从低向高看着他们的眼睛，然后说："你们比我大，我比你们小。我接受这个事实！"然后让自己放松身体，在他们面前鞠躬，越深越好，把自己的双手垂下来，头垂向地面。脖颈松下来，肩膀完全放松下来，心甘情愿地把自己放下来，接受面前比你大，比你更有力量，比你更有资格的系统的力量的存在，诚心诚意，心悦诚服。允许呼吸的流动，直到感觉足够，才让自己直起身体。

当你重新面向对面代表"老天"的这一群人，感受一下有什么感觉，跟刚开始时的视线有什么不同。同时，你看到他们所代表的还包括社会规则、法律、习俗、传统等，还包括国家、世界、命运甚至更大的存在。在他们面前，你是小的，你只有接受，只有敬畏、敬重，这就是你的位置。只有接受他们比你大的现实，你才能真正尊重他们，得到他们的支持和祝福。

让自己再次鞠躬，收到他们给予的力量，然后让自己转过身来，感受背后有靠山的踏实感，感受"背靠大树好乘凉"的感觉。从此每当感觉无力时就如此做练习，让自己与力量和爱的源头连接在一起。

然后让自己看到面前的所有人，你的同事、下级，同时想象在每个人背后可以看到他们的父母。你知道生命是经由他们的父母给予的，所以每个生命都有相同的源头，他们跟你一样，都是被父母疼爱和保护的孩子，所以与你是平等的，是值得被尊重的。你的任务是为他们服务，带动他们找到自己的生命工作，为顾客做好服务，一起朝向企业的目标和未来。感受这份陪伴更多生命、共同走向未来的感觉，把这个画面放在心里，把这份感觉放在心底最深处。每当需要时，就通过深呼吸唤醒这份感觉，放下内心的傲慢，带着谦卑的心为更多生命服务。

这样的练习可以经常在自己心里做，每当你可以找到自己与他人的恰当位置时，就可以有效地放下傲慢了。

求知若渴，虚心若愚

——乔布斯在斯坦福大学的演讲

今天，很荣幸来到这所世界上最好的学校之一的著名学校，参加毕业典礼。

我从来没从大学毕业过，说实话，这是我离大学毕业最近的一刻。今天，我只说三个故事，不谈大道理，三个故事就好。

第一个故事，是关于人生中的点点滴滴如何串联在一起。

我在里德学院（Reed College）待了六个月就办休学了。到我退学前，一共休学了十八个月。那么，我为什么休学？这得从我出生前讲起。

我的亲生母亲当时是个研究生，年轻的未婚妈妈，她决定让别人收养我。她坚定地认为应该让已经毕业的人收养我。在我出生时，她就准备让一对律师夫妇收养我。但是这对夫妻到最后一刻反悔了，他们想收养女孩。所以我必须等待收养名单上的另一对夫妻，也就是我后来的养父母。有一天半夜，他们接到一个电话："有一名意外出生的男孩，你们要认养他吗？"他们回答："当然要。"但是我的生母发现，我的养母从来没有大学毕业过，我的养父连高中毕业文凭也没有，所以她拒绝在送养文件上签字。直到几个月后，我的养父母保证将来一定会让我上大学，我生母的态度才软化。十七年后，我上大学了。但是当时我无知地选了一所学费几乎跟斯坦福一样贵的大学，我那工人阶级的父母将所有积蓄都花在我的学费上。六个月后，我看不出念这个学院的价值何在。那时候，我不知道这辈子要干什么，也不知道念大学对我有什么帮助，只知道我为了念这个书，花光了我父母这辈子所有积蓄。所以，我决定休学，相信船到桥头自然直。

当时这个决定看起来相当可怕，可是现在看来，那是我这辈子做过的最棒的决定之一。

我休学之后，我再也不用上我没兴趣的必修课了，我把时间拿去听那些我有兴趣的课。这一点也不浪漫。我没有宿舍，所以我睡在友人家里的地板上，靠着回收空可乐罐换钱买吃的。每个星期天晚上，我得走 7 英里路，绕过大半个镇去印度教的克利须那神庙（Hare Krishna Temple）吃顿好吃的，我喜欢克利须那神庙的好吃的。

我就这样一路追随着我的好奇心和直觉。我的大部分投入，后来都成了无价之宝。当时里德学院有着大概全国最好的书写教育，校园里的每一张海报上每一个抽屉标签上，都是美丽的手写字。因为我休学了，可以不按正常选课程序来，所以我跑去上书写课。

我学了有衬线字体（serif）与无衬线字体（sanserif），学到在不同字母组合间变更字间距，学到活字印刷伟大的地方。书写的美好、历史感、艺术感是科学所不具备的，我觉得这很迷人。

我没预期过学这些东西能在我的生活中起些什么实际作用。不过十年后，当我在设计第一台麦金塔电脑时，我想起了过去所学的东西，把这些东西都设计进了麦金塔，这是第一台能印刷出漂亮东西的电脑。如果我没沉溺于这样一门课，麦金塔可能就不会有多重字体和等比例间距字体。Windows 抄袭了麦金塔的使用方式。因此，如果当年我没有休学，没有去上这门书写课，大概所有的个人电脑都不会有这些东西，印不出现在我们看到的漂亮的字了。

当然，当我还在大学的时候，不可能把这些点点滴滴预先串联在一起，但十年后的今天回首，一切显得非常清楚。我再说一次，你不可能把点点滴滴事先串联起来，只有回首往事，你才能把它们串联在一起，所以你得相信，眼前你经历的种种，将来多少会连接在一起。你得信任某个东西，直觉也好，命运也好，生命也好，或者业力。这种做法从来没让我失望，我的人生因此变得完全不同。

我的第二个故事，有关爱和失去。

我很幸运年轻时就发现了自己爱做什么事。我二十岁时，跟史蒂夫·沃兹尼亚克（Steve Wozniak）在我爸妈的车库里开始了苹果电脑的事业。我们拼命工作，苹果电脑在十年间从一间车库里的两个小伙子扩展成了一家员工超过 4000 人市价 20 亿美元的公司。在那事件之前一年推出了我们最棒的作品——麦金塔电脑，那时我才刚开始三十岁。然后，我被解雇了。

我怎么会被自己创办的公司给解雇呢？

当苹果电脑成长后，我请了一个我以为在经营公司上很有才干的人来，他在头几年也确实干得不错。可是我们对未来的愿景不同，最后只好分道扬镳，董事会站在他那边，就这样，在我三十岁的时候，公司把我解雇了。我失去了整个生活的重心，我的人生就这样被摧毁。

有几个月，我不知道要做些什么。我觉得我令企业界的前辈们失望，我把他们交给我的接力棒弄丢了。我见了创办惠普的戴维·帕卡德（David Packard）跟创办英特尔（Intel）的鲍勃·诺伊斯（Bob Noyce），跟他们说很抱歉我把事情给搞砸了。我成了公众眼中失败的榜样，我甚至想要离开硅谷。

但是，我渐渐地发现，我还是喜爱那些我做过的事情，在苹果电脑中经历的那些事丝毫没有改变我爱做的事。虽然我被否定了，可是我还是爱做那些事情，所以我决定从头来过。

当时我没发现，但现在看来，被苹果开除，是我所经历过最好的事情。成功的沉重被从头来过的轻松所取代，每件事情都不那么确定，让我自由进入这辈子最有创意的年代。接下来五年，我开了一家叫作"NeXT"的公司，又开了一家叫作"皮克斯"（Pixar）的公司，跟后来的太太劳伦（Laurene）谈起恋爱。皮克斯接着制作了世界上第一部全电脑动画电影《玩具总动员》，现在是世界上最成功的动画制作公司。然后，苹果电脑买下 NeXT，我又回到了苹果，我们在 NeXT 发展的技术成了苹果电脑后来复兴的核心部分。我也有了美妙的家庭。我很确定，如果当年苹果电脑没开除我，就不会发生这些事情。这帖药很苦口。有时候，人生会用砖头打你的头，但不要丧失信心。

我确信，让我一路走过来的唯一动力，是我热爱我做的工作，你得找出你的最爱，工作上是如此，人生伴侣也是如此。

你的工作将占掉你人生的一大部分，而通过伟大事业的必由之路是热爱你做的工作。如果你还没找到这些事，继续找，别停下来。尽你的全力，你知道你一定会找到。而且，如同任何伟大的事业，情况只会随着时间推移变得愈来愈好。所以，在你找到之前，继续找，别停顿。

我的第三个故事，关于死亡。

十七岁时，我读到一则格言，好像是说"把每一天都当成生命中的最后一天，你就会轻松自在"。这对我影响深远，在过去的三十三年里，我每天早上都会照镜子自问："如果今天是此生最后一日，我要做些什么？"每当我连续很多天都得到一个"没事做"的答案时，我就知道我必须有所改变了。

此生当我面临重大抉择时，提醒自己马上就要死了，是我用过的最重要的方法。因为，几乎所有事情——外界期望、荣誉、对困窘或失败的恐惧，这些事情在面对死亡的时候全都消失了，只有真正的最重要的东西才会留下。提醒自己快死了，是我所知道的避免掉入丧失和畏惧陷阱的最好方法。

人生不带来，死不带去，没理由不顺心而为。

一年前，我被诊断出患有癌症。我在早上七点半作断层扫描，在胰腺清晰出现一个肿瘤，我连胰腺是什么都不知道。医生告诉我，那几乎可以确定是一种不治之症，预计我活不到三个月。医生建议我回家，好好跟亲人们聚一聚，这是医生对临终病人的标准建议。那代表你得试着在几个月内把你将来十年想跟小孩讲的话讲完。那代表你得把每件事情搞定，家人才会尽量轻松。那代表你得跟人说再见了。

我整天想着那个诊断结果。那天晚上做了一次切片，从喉咙伸入一个内视镜，穿过胃进到肠子，将探针伸进胰腺，取了一些肿瘤细胞出来。我打了镇静剂，不省人事，但是我老婆在场。她后来跟我说，当医生们用显微镜看过那些细胞后，他们都哭了，因为那是非常少见的一种胰腺癌，但可以用手术治好。所以我接受了手术，康复了。

这是我最接近死亡的时候，我希望那会继续是未来几十年内最接近的一次。经历此事后，我可以比先前只是假想死亡时更肯定地告诉你们，没有人想死，即使那些想上天堂的人，也想活着上天堂。

但死亡是我们共同的终点，没有人逃得过。这是注定的，因为死亡很可能就是生命中最棒的发明，是生命交替的媒介，送走老人们，给新生代让出道路。

现在你们是新生代，但是不久的将来，你们也会逐渐变老，被送出人生的舞台。抱歉讲得这么戏剧化，但这是真的。

你们的时间有限，所以不要浪费时间活在别人的生活里，不要被教条所局限。盲从教条就是活在别人思考的结果里。不要让别人的意见淹没了你内在的心声。最重要的是，要有勇气追逐你们自己的内心世界和直觉，它们多少已经知道你们真正想要成为什么样的人，其他任何事情都是次要的！

在我年轻时，有本神奇的杂志，叫作《全球目录》(*The Whole Earth Catalog*)，当年这是我们的经典读物。那是住在离这不远的门洛帕克（Menlo Park）的斯图尔特·布兰德（Stewart Brand）发行的，他把杂志办得很有诗意。那是 60 年代末，个人电脑和桌面出版还没出现，所有内容都是打字机、剪刀、宝丽来相机做出来的。杂志内容有点像印在纸上的平面谷歌，但在谷歌出现之前三十五年就有了。这本杂志很具理想主义，充满着新奇的工具与伟大的见解。斯图尔特跟他的团队出版了好几期的《全球目录》，最后出了停刊号。当时是 70 年代中期，我正是你们现在这个年龄。在停刊号的封底，有张清晨乡间小路的照片，那种你四处搭便车冒险旅行时会经过的乡间小路。在照片下印了行小字：求知若渴，虚心若愚。那是他们亲笔写下的告别信息，我总是以此自许。当你们毕业，展开新生活，我也以此祝福你们。

第四节　金钱对我们的意义

案例一

　　一个二年级的男生小义，每天中午都因回家吃饭，比其他小朋友多了些自由。有同学就请他帮忙买零食、文具等，他从第二次开始收"手续费"了，买每样东西都要加价。家长和老师知道这件事之后，反应非常激烈，批评他"金钱至上""财迷""没有爱心"。他非常委屈，说："我花了时间，费了力气，为什么不可以？"大家觉得他说得也有道理，但仍觉得哪里不对，到底应该怎样引导和教育孩子认识金钱呢？

案例二

　　张先生创业二十余年来，一直在追求金钱。他倒卖过许多商品，只要是能赚钱的，他什么都做：做汽车，做大豆，做石油，做投资……没有人猜得到他有多少钱，但他的生活方式没有什么改变，甚至比以往更容易紧张、焦虑。尤其是对于国家政治经济形势非常敏感，他担心金钱贬值，担心有人算计自己，所以每日活在防备别人的紧张里，影响了睡眠和饮食，并且开始影响他的身体健康。当他来到咨询室时，最希望解决的问题是：怎么才能睡个好觉？他说自己半个月来都在为不能安稳睡觉而焦虑。我用催眠和再连接疗愈为他做了第一次咨询后，第二天他兴奋地告诉我："我昨晚睡了一个安稳觉，从九点钟到今天早晨七点，太幸福了！"

说到"钱"这个话题，你内心的感觉是怎么样？请在纸上完成这几个问题：

1. 你内在闪现了关于金钱怎样的画面？你会用什么词来形容金钱？

2. 你脑海中拥有足够金钱的数目是多少，多少才能让你感到自己已经拥有足够多的金钱？

3. 你怎样才能感到你已经拥有了足够多的金钱？对你来说，金钱的储备意味着什么？

4. 你平时用什么方式对待金钱？如何奉献金钱？

再来完成关于金钱的三个测试：

测试一

你会是哪种人？

假设年初给100个人每人1万元，到了年底会出现这样的情况：有80人会分文不剩，或者用首付买些按揭还贷的商品，同时背上债务。16人会将这钱增值5%~10%，有4人会将此钱增值到2万元或数百万元。

测试二

当你的孩子向你不停地要钱买东西时，你常会采用下面哪种说法？

A.你还想要我给你买什么？难道你认为我们是摇钱树吗？你认为钱是从树上掉下来的吗？你知道我们不是富人。

B.我牺牲自己的生活去买这个给你，我小时候从来没得到过这些东西。

C.我不想让我孩子尝到贫困的滋味，我这样做全都是为了孩子。

测试三

当孩子问你"我们家有钱吗"，你会怎么回答他？

A.我们家有的是钱！爸爸挣了很多钱，就是留给你的！（你想让孩子有富有感。）

B.我们家哪有钱？就这点钱，养活你和全家都不够！（你怕孩子败家，让他勤俭。）

C.我们家有钱，可这钱是我们赚的，你要想有钱，我帮助你去赚。（你想帮孩子自己赚钱理财。）

有一本风靡全世界的书《富爸爸 穷爸爸》帮人们看到关于金钱的不同信念、不同行为，也引发了人们开始正视光明正大地与孩子讨论金钱、进行财商教育的必要性。

从古至今，人们似乎都在为金钱而活，多少人为金钱折腰，却很少静下心来想想金钱到底是什么，到底对金钱的追求意味着什么。

金钱是一种思想，如果你想要更多的钱，就需要先审视你对金钱的思想，然后改变你的思想。任何一位白手起家的人总是在某种思想的指导下，从小生意做起，然后不断做大。有关金钱的教育和智慧是非常重要的。你与金钱打交道时所感悟到的人生体验与哲学，取决于你的"财商"。

金钱意味着恐惧？

人们是出于恐惧心，害怕没有足够的钱，害怕挨饿，害怕钱会贬值，害怕养不起孩子……所以大多数人会去学习各种专业，或做生意，拼命为了钱而工作，成了钱的奴隶，然后把怒气对准老板或政府、社会。他们挣了点小钱，可却被欲望、贪婪控制着，然后希望再多去挣钱，能消除恐惧。钱未能消除恐惧，却被恐惧追逐着，落入"挣钱—工作—挣钱"的陷阱中。这样的心态使许多人被贫困感吞噬，缺少安全感，甚至像流浪汉。

欲望，是希望更好、更有趣、更令人激动的追求。这种追求永远也难以满足，推动着人们为实现欲望而为钱工作，以为钱能买来快乐。但钱只能买来短暂的快乐。渴望更多的快乐和开心，又会掉入另一个陷阱！这种状态与钱多少无关，许多有钱的"穷人"成为金钱的奴隶，活得辛苦而无奈。

同时也有一些人，过着简单的生活，他们知足少欲，乐善好施，做着自己喜欢的事。他们懂得获取金钱的智慧，不再受金钱的控制，对每一笔金钱的流入、流出都满怀感恩，对生活和世界有足够的信任，对人们有足够的关爱，在他们身上总能感受到足够的富裕与安乐，感受到足够的幸福。他们可称得上真正的富人！

富人与穷人之间的主要差别在于他们对于世界、金钱的看法不同，深层差异是处理恐惧的方式不同，这是胜者之所以胜利的最大秘密。富人不为金钱工作，他们放下对钱的恐惧和欲望，因为他们明白金钱不是真实的资产，最重要的资产是自己的头脑，是自己与世界、金钱的关系。当掌握其中的智慧，受到良好训练，就可能创造大量的财富。金钱只是上天赐予一个为生命工作的人的附加奖赏和流动着的能量，仅此而已。

金钱意味着自由？

金钱本身没有好坏之分，它是一种能量，如海潮般流动的能量。对待和使用金钱的方式决定了它是否是有益于你和他人的正能量。如果是在更高层面，以利于他人的方式赚钱，通过转变他人的意识，通过服务和贡献，通过尽力而为、尊重他人，并专注地做所做的事，那么就是在做生命工作。通过服务，通过给自己和他人带来喜悦的方式对待和使用金钱，金钱就会成为光明的力量。

最了解金钱的人，通常不是很有钱或身无分文的人，而是正好有够用的钱的人。这样的人没有过多财产负担，他们的财产为他们服务，却不用把时间和能量花在照料物质财富方面。有人研究发现，如果生命中只以追求财富为目的的话，带来的只有负面的后果。这些只追求财富的人，通常也没办法充分发挥他们真正的潜能。他们比其他人更有压力，更容易沮丧和焦虑，比较不健康，没有生命的活力。

在新加坡商业学院的学生里，那些内心充满强烈物质化价值观的人，自我实现度、生命力和幸福感普遍较低，更多的是焦虑和身体障碍。

"富有"的人拥有足够的财富来从事生命的工作。"足够"并不需要许多物质财富，而是可以去实现梦想，将周围能量转化为更高程度的能量，爱与感恩、慈悲的能量。有些人赚大钱并不是真的要用到每一分钱，有时因为它是努力的奖赏，或证明自己的实力。此时财富代表个人成长的成果，而不只是累积的数字。财富也可以是发自内心的目标。假如有足够的钱时，可以做很多有意义，但没有时间去做的事。

每个人需要多少钱是自己的事，不要根据别人的标准来评判衡量自己、他人的成功与否。宇宙是完美而丰裕的，每个人都有属于自己的资源，不要把其他人当作竞争者。你拿不走别人的东西，你的机会注定是你的，不是你的机会就会给其他人。把金钱视作善的源泉，把它当作还没有物化的更高的存在。欣赏你的丰裕，并认识到你已学会了解宇宙的无尽丰裕，金钱正等待机会给你带来善，改变你和他人的生活状态。

　　想象自己站在海边的画面，遥望着浩瀚无际的大海，想象大海里所有的东西。看看手中盛海水的容器：一把茶匙、一个纸杯、一个玻璃杯、一个平底大玻璃杯、一个水桶、一个浴盆。有一个管理者从这个大海里往你家里运输海水。再看看周围，无论有多少人在那里，也无论他们拿着什么样的容器，海水都是充足的，你无须掠夺别人，别人也无须掠夺你。你不可能把大海里的水抽干，你的意识就是你的容器，你可以为自己的思想换一个更大的容器。

　　面对无际的海面，你向两边伸开双臂，说："我接受世界上所有的财富和幸运。"面向成千上万的河道，对它们敞开自己，看到水的源头，就是那无尽头的大海或者世界本身，"我敞开自己，接受新的收入来源"。

　　只是在财富和金钱经过我们身边时使用它们，直到它们流向别人为止。生活有着自身流动的韵律。它们来到我们身边，又离我们而去，为了给更新更好的东西腾出空间，带着欣喜允许这份感觉流动。

　　经常做这个练习，体会充裕和不受限制的自由感觉。

金钱意味着爱？

　　在生命成长过程中，从心理的角度看，财富总跟母亲的爱有关。如同身体接受乳汁之后才能接纳其他食物一样，心灵只有接受母亲之后才能接纳更多的东西。这些东西包括我们想要的——金钱、财富、好运、健康、事业、工作、成长、幸福、家庭、性、爱情、婚姻……

当一个人和母亲之间的关系顺畅了，金钱及上面所有的一切都可以滚滚而来。这个顺畅不是指我们常规的关系好，而是指跟母亲之间生命通道的畅通。孩子对于母亲本来如是的接受与爱，面对母亲没有愤怒、抱怨、改变的期待，只有对母亲的尊重。

很多父母带着对孩子的内疚，以金钱和更多物质弥补；很多父母给孩子创造无比舒适的物质环境，以此体现对孩子的爱；很多父母告诉孩子"我们家有的是钱，这些钱都是留给你的，你想干什么就干什么"，以此培养孩子的贵族气质……父母们感受做有钱人的扬眉吐气之后，把随意挥霍金钱满足物欲，当作身份和富裕的象征。孩子们自然接收到这样的信息：既然小时候他们忙着赚钱，那现在花他们的钱就是在享受他们迟到的爱。那就尽情地花吧！父母给得爽快，孩子花得气派，以买名牌、开豪车、住豪宅为荣。常见中国留学生豪掷千金而引杀身之祸的报道，国内外人士惊呼：中国的孩子怎么了？中国的父母怎么了？这样培养出来的孩子怎么懂得金钱？怎么懂得爱？他们内心带着对父母的怨恨，不断以挥霍金钱去寻找刺激和缺失的爱，最终只能浑浑噩噩度日，怎么可能有成功快乐的人生？

既然金钱是爱的表达方式，父母看重这份表达，先梳理自己与孩子的关系，放下那份内疚和亏欠感，才能真正有理智地去爱。而作为孩子，要疏通与父母的关系，从小时候被忽略和遗弃的创伤中走出来，才能真正尊重母亲，尊重金钱，尊重爱，拥有幸福快乐的生活。所以梳理金钱的关系，也是梳理人生的过程，更是教孩子做人的过程。

肯农·希尔顿和他的同事们认为："对于追求幸福的人来说，我们的建议是去追求包括成长、人际关系和社会有贡献的目标，而不是金钱、美丽和声望。对后者的追求，通常是出于必需和压力的心态。追求这些目标，不是因为他人觉得你应该这么做，或是因为责任感，而是因为它对我们有深层的意义，并且带给我们快乐。"

你如何奉献你的金钱？

也许你会奇怪这个问题，你听到内心的声音说："我的钱照顾自己还不够，等我有钱时再说吧。"就像《富爸爸 穷爸爸》作者的爸爸一样，他一直说："当我有多余的钱时，我就把它捐出来。"但他从来没有多余的钱。因此他工作更加努力，从而可以挣更多的钱。他没注意到一条最重要的金钱法则："给予，然后获得。"相反，他信奉"得到了再付出"。当他把自己定位为"我不是有钱人"时，他就酸楚而心安理得地评价着别人的慈善乐捐。

而懂得金钱的爸爸从不使用"我不能支付这个"这类的话，他也不会用"他们真有钱"来羡慕那些做慈善的人，他要问"我怎样才能支付这个""我能奉献给别人什么"，让自己时刻都体验付出的快乐。

有这样一个非常熟悉的故事：一位抱着柴火的人坐在寒冷的夜里，

冲着一只因缺柴而熄灭的大火炉叫道："你什么时候给我温暖，我什么时候才会给你添加柴火。"我们在这故事中看到了自己的影子，是不是？

迪巴克·乔布拉在《成功的七项灵性法则》中把金钱描述为精力或能量，认为金钱必须被允许流动。"如果我们唯一的注意力就是控制和贮藏我们的金钱——由于它是拥有自身生命力的，我们也将要阻止它回流到我们生命中的循环之中。金钱就像一条河流必须不停地流动，否则它就会停滞、淤塞，窒息自己的生命力。只有流动才能使它充满生机和活力。""你给予的越多，你获得的将会越多。"所以应该记住，必须为自己需要的东西首先付出，然后才能得到加倍的回报。当感觉手头"短缺"或"需要"什么时，首先要想到给予。无论是金钱、微笑、爱情还是友谊，只有先给予，才会在将来"取"得回报。每当我感觉到人们不对我微笑时，我就开始笑着对别人问好，然后我感觉周围突然多出了许多微笑着的人。当我主动把信任送给别人，把钱送给乞讨者，帮助心理上需要支持和帮助的人，总会收到更多的信任、财富和帮助。的确，这世界就是自己的一面镜子，你给出什么就会得到什么。这是宇宙生命的七大法则之"因果法则"所揭示的智慧真理：当你给予时，你已经拥有；当你索求时，种下的只是匮乏种子。

付出金钱是富人保持财富的一个秘诀，这也是如洛克菲勒基金会、福特基金会这种机构存在的原因。建立这些机构是为了获取财富，通过定期付出财富再去增加更多的财富。

假如你已经决定尝试这个新的行动，带着喜悦的心情奉献你的金钱，那么奉献多少呢？这要根据你的情况而定。最低数额应该是你全部收入的百分之十，把它给予你所中意的慈善团体、你仰慕的地方、你的母校……送给需要的任何人，金钱会在那个地方起到应有的作用。

　　珍是一个单身妈妈，她的收入很少能满足每月的需要。她从事销售工作时，付出了很多精力，得到顾客的喜爱。有人建议她舍弃自己收入的 10%，她极不情愿，说道："你确定认为这样会使我在销售方面做得更好吗？"她还是接受了建议，当天就写了一张支票，寄到动物保护委员会。

　　后来的三十天，她每收到一张订货支票，她都拿出 10% 的收入并把它送出。仅仅在那一个月，她所挣的钱就比上个月所挣的多出一倍，一年下来收入仍不停地增长。"每当我写那张支票，我都感到有一种富足的感觉。舍弃金钱就是我生活变得富足的秘密。"通过这种方式，金钱也提升了自己。这是给自己的一个珍贵礼物，适用于生活中的其他部分。

　　要学习有关的财务知识。学习理财，让钱为自己而工作。提高财商的目的是让自己有足够的自由做自己喜欢的、快乐的事，喜欢有足够、充裕的钱去帮助更多有需要的人，这样就会获得更大的成功。大部分人因为没有在财务上受到训练，因而不能认识到机会就在眼前。投资不是买入，而是信息搜集的过程，不断地学习才是一切。人际关系处理能力、理财能力、销售能力等，这些能力是无价的。

被财务或职业所困的人，常常既缺乏给予，也无力索取，同时也是最害怕改变的人。三百年前，土地是一种财富，谁拥有土地，谁就拥有财富。后来，工厂和工业产品上升为财富。现在信息就是财富，信息以光的速度在全世界迅速传播，财富不再像土地和工厂那样具有明确的范围和界限，世界变化越来越快，越来越显著。害怕改变，思想陈旧是最大的包袱和债务。所以学习理财是非常必要的储备。培养孩子的理财能力和财商，也是家族财富继承非常重要的部分。许多家庭之所以富不过三代，是因为没有培养出一个内行的人管理资产。

没有钱的人，不爱钱的人从两方面阻碍了自己成长：一是忽略了时间是最珍贵的资产；二是忽略学习。因为钱不够，才更需要学习。要投资教育，因为头脑是唯一真正的资产。你缺乏什么，就要学习什么，就会成为什么样的人。

所以找个时间跟你的孩子好好交流，跟他一起读那本风靡全球的《富爸爸　穷爸爸》，跟他一起玩"现金流游戏"，给他讲解关于资产和投资的知识。将这些知识与你的孩子分享，为他们适应未来的世界做准备。孩子成长过程中，与智商、情商同样重要的是财商。要知道没有比你更适合开启孩子财商的人了。你和孩子的未来将由你今天做出的选择来决定。哈莱德·桑德斯上校直到六十多岁失去了所有财产之后才有了遍布全球的肯德基，比尔·盖茨在三十岁以前就成为世界上最富有的人之一。这些关于财富的故事，也许可以帮你看到一个新的事业境界。

首先，扩展关于金钱的信念。

做完此章节前面的练习和测试，无论是自命清高，视金钱如粪土，还是拜金主义，视金钱为万能，这些信念都是局限性的，都不利于你扩展关于金钱的信念。

这些都来自于你以往的成长经历。也许是父母和家族给了你潜移默化的影响，也许你的经历让你形成了这样的信念：钱不是好东西，人有钱就变坏，计较金钱的人是贪财的人，我配不上享受金钱自由的生活，没有钱是万万不能的……

尽你所能回答下列问题：

A. 站到镜子前，直视你的双眼，然后说："我对金钱的最大恐惧是_____。"写下你的答案，并说明你为什么有这种感觉。

B. 你小时候对金钱有什么了解？

C. 你的父母成长经历是什么？他们对金钱有什么看法？

D. 你们家是怎样管理家庭财务的？

E. 你现在怎样支配金钱？

F. 你希望如何改变自己的金钱意识？

其次，释放关于金钱的创伤。

让自己放松下来，邀请你的内在智慧允许你借这个时间去处理你成长中关于金钱的创伤。想象曾经发生的最糟糕的情况正发生在你身上，也许是你的家族中曾经因为金钱引起的某个冲突事件，比如某人生命遇到了威胁或伤害；也许是因贫穷而被人歧视；也许是你自己借了一笔钱却无力偿还，你宣布破产了……

一件件与金钱有关的事件就这样闪现在你面前，慢慢来，一件件地处理和面对。

向你的祖先、父母鞠躬，对他们说："请允许我过与你们不一样的生活，请祝福我！倾听他们，倾听他们对你人生的嘱咐。"

然后看到那个让你难堪甚至感觉屈辱的场景，拥抱当年的自己，你知道他已尽力了。就因为当时发生了那样的事，才让你有了今天的成长，让你有能力拥有金钱和自由，照顾当年的自己。想象在内心把足够的爱与关怀给当年的自己，享受今天的富足和充裕。然后带着当年的自己走向未来愿景，走向属于你的独特生命之路。在路上，你满心喜悦地为更多相遇的人服务。

再次，我是富有者。

这样的信念有利于改善你和金钱的关系：

·我在金钱方面是独立和自由的。

·我所有的金钱都是等我命令，在我生活中创造善的能量。

·我选择做我生命的工作，过丰裕的生活。

·尊重金钱，就是尊重我的价值。

·允许自己给予和接受，让金钱流动。

想象如果你得到了自己一直梦寐以求的所有东西会是什么样的，那些东西会是什么，你会去哪里，你会做什么，好好感受一下，乐在其中。感受自己自由自在地畅游在大海中，就像是一条自由自在的鱼儿，尽情地享受阳光洒下来的温暖，尽情地享受海水的辽阔，与其他鱼儿一起嬉戏玩耍。没有人妨碍你，没有人阻止你，只有你自由享受。你是有足够资格的富有者！

海灵格谈财富
——孩子，请你善待金钱

一

对我而言，我从不缺钱，因为我尊重它。

当我看到钱的时候，我看到的是上面浮现的面孔。

钱是流动的。如果你是一个企业主，在月底发薪水的时候，你想过钱会流动到哪里？流动到你员工的家里，薪水后面是那些妻子和孩子，这是养家的钱。**钱具有生生不息的能量和灵性，钱不来自于头脑，钱来自于你的心**。

现在请你闭上眼睛，想象将手放进你的裤子的口袋，触摸钱币，然后发自内心地注视你的母亲。这样钱就具有了生命！

二

钱是有灵性的，储存了劳作的能量。一定数量的钱，负载的辛勤的劳作越多，它储存的能量就越大。这样的钱也就会备受珍视，被节约小心使用。

轻易赚到的钱，没有通过辛苦的劳作，储存的能量会很少，尤其

133

是那些取之不义甚至是骗取的金钱。这样的财富不会停留，它会流走。从这一点也可以印证钱有灵性的一面，甚至是有灵魂的！

在我的内心图像里，躺在储蓄罐里的钱的感受是最舒适的，它在静静地等待被花出去。为了适合的价值而花出去的钱总是最舒适的。只有这样，住在钱里面的灵性、能量和灵魂才会获得最美丽的舒展。

当一个人手里拿着钱，那么他拿着的是劳作，很多时候还有汗水、鲜血和眼泪。**小心认真地和钱相处！**这样的小心认真是对钱背后的那些**人、那些能量的尊重和爱！**

讲到这里，我们大概可以理解钱是多么的灵性和鲜活。随着钱的来处和去处，我们会看到"人"的辛勤的劳作。钱的流动像是河流，我们顺着它流动，有取、有放，才会和钱的灵性和谐。钱是爱的仆从，是流动的、灵性的。

钱也是权力，是武器，是祝福，是诅咒！当钱以权力呈现的时候，那么它背后的动力是什么？是人驱动钱，还是钱驱动人？如果是钱驱动人，那么在钱后面的动力又是什么？从这里我们可以再一次看到钱的灵性！

只有当你尊重了钱和钱的灵性，钱才会关注你！

即使是贫穷的人也需要尊重钱，尊重钱的灵性和灵性的流动。

怎样做呢？**带着爱！**

第五节 与世界、自然、宇宙的关系

案例一

一个高二女生，最近被同学孤立了。她在学校是校花，成绩总是名列前茅，家庭条件又好，所以她一直都特立独行。她父母也一直告诉她，要为自己的梦想而奋斗，不要在乎别人。"走自己的路，让别人去说吧"，她几乎两耳不闻窗外事，埋头只读圣贤书。成绩虽然越来越好，但她同时也越来越孤独。她发现自己不会跟老师、同学相处，开始变得敏感易怒，没有存在感和意义感，成绩直线下降，甚至开始自我怀疑、自我封闭。

我只做了一点事：让她感受打开心，与周围的一切人事物连接，心存感恩，把这一切放到自己心里，并开始制订一个"我每天为别人做点什么"的行动计划。一个星期之后，她已经开始有了笑容和成就感。

案例二

做企业的赵女士，一直忙于做公益。她已年过半百，度过了企业发展的成长阶段。她不是像其他人那样逛街或者去美容院打发时间，而

是一直热心于老年人临终关怀事业，也做留守儿童关爱工程，耗费的时间精力甚至超过了她为自己企业所付出的精力。人们不理解甚至误会中伤她，她则总是满脸微笑地坦然说道："我不管别人如何看待我。我只听从内在的声音，我知道我不能只为自己和自己的家活着，我来到这世界就是要为改造这世界做点事。我自己对生活所求非常少，能够有机会为别人做点什么，为这世界留下点什么，是我最幸福、最开心的事！"

同样是企业家、商业领袖，乔布斯、比尔·盖茨、稻盛和夫等人为什么如此卓越？同样是歌手，为什么迈克尔·杰克逊的离世会让全球上亿人怀念他？同样是国家元首，为什么甘地备受尊重？

在中国经济获得巨大发展的今天，越来越多的人开始意识到社会的文明程度不仅取决于财富和金钱，更取决于整个社会，特别是社会精英群体坚守的精神和信仰。而且，后者更是前者得以持续发展的最关键的支撑点。

作为中国改革开放的开拓者和最大的受益者，中国企业家群体已经有了不小的规模，人们开始关心他们的价值观或者信仰是什么样的。这些作为社会精英阶层的企业家们的"永恒动力和终极目标"不仅会决定企业的成败，也必将深刻影响中国社会未来的走向。

著名管理专家，清华大学中国企业家思想研究中心主任王育琨在对当代企业家稻盛和夫做深入的比较研究后发现：很多受苦的一线企业家，有着高远的志向，却唯独没有"大义"。他说："志向与大义是完全不同的东西。志向主要是个人目标，大义则指对共生的社会有着重大意义的事物。企业家把企业做大以后，如果延续此前的小志向，就很难把公司带进大的格局。如何成功以后能够时刻以大义来鼓舞自己和激励员工，就可以激发出真正的勇气，这股勇气能够使自己和团队拥有无与伦比的力量。"

自觉、自知、自信、自强、自胜，这是心智成长的过程。这个过程的起始是一种责任自觉，是一种使命意识的发现或回归。而最后的一个环节则是大爱，这也是新一轮自觉的开始。正是在这样的循环往复中，才有了像稻盛和夫一样的强者出现。但令人忧虑的是，很多中国企业家还没有建立起自己人生和心灵的道场，还没有像他那样进入这种循环过程中。

稻盛和夫不仅是成功的企业家，也是日本著名的企业思想家。他思考"人为什么活着"，告诉人们他对人和世界的理解以及自己恪守的信念是什么。他告诉人们这种信念怎样从一种个人价值转移为企业家精神，进而让大家从如何做人领悟到如何做企业的精神。他提出"敬天爱人"，提出企业的经营理念是"在追求全体员工物质与精神两方面幸福的同时，为人类和社会的进步与发展做出贡献"。他认为企业经营者的人格对企业经营至关重要，只有具有高尚的品德，才能展开很好的经营。

人和动物的一个区别是，人是有灵性的。牛津英语词典里称灵性为"真切地感受到事件的意义"。我们真正需要的是那些从内心让我们感到有意义的目标。它是自发的，为了实现自我存在的意义。当我们有这种目标时，就像听到了"真我的呼唤"。正如乔治·伯纳德·肖所说："这才是生命的喜悦，那种为了源自真我的目标而奋斗的感觉。发挥全部的潜能去追求幸福，让一个更高的目标去指引生命。"哲学家罗素说："真正令人满意的幸福总是伴随着充分发挥自身的才能来改变世界。"

作为企业家，你与世界、自然和宇宙的关系决定了你的境界和格局；作为孩子的父母，你对孩子的引导和教育，决定着他的未来和前途！

一个妈妈抱着自己的婴儿在院里散步。她发现一只流浪猫在花坛上睡觉，妈妈用树枝戳，用脚轻碰，用手去拉，想唤醒猫，让它哄自己的孩子玩。但这只猫困极了，怎么都不肯抬起自己的头，蜷缩成一团继续睡觉。

这个妈妈不知道自己这样做，其实是在教自己的孩子，让他看到的这个世界和自己隔绝开来。这个婴儿会感觉到：我妈妈爱我，我和猫并不在一起，因为妈妈可以为了我让那只猫难受。

还有一个小孩子想做同样的事情时，妈妈阻止他，让他看着猫说："不要吵它，它在睡觉，我们要爱它。"那么这个孩子就会感觉到自己和外界是有联系的，和自然是一起的。他不会感受到非此即彼，而是我们在一起。猫是如此，花是如此，人是如此，世界也是如此。

这样长大的孩子遇到挫折，任何时候他都能在身边一朵花、一只猫那里重获力量。任何时候，他都会向身边的世界寻找资源，得到支持。

父母教育孩子的方式决定孩子未来的心胸和他所拥有的智慧和力量。想让孩子未来拥有全世界吗？去爱这个世界。想让孩子能够连接到最深层的智慧吗？去让他爱这个宇宙，小到一草一木，还有其他人。

让孩子成为拥有海阔天空般心胸的孩子，他就会得到世界万物的祝福和支持！

学习敬畏。要让孩子学习向大自然万物、宇宙和世界的规律有敬畏之心。让孩子对自己之外的更大的存在说："是的，我接受。"这可以去除孩子天不怕、地不怕的傲慢心，在"老天的事"面前能够臣服和谦卑。这样才能与自然万物的能量同频，获得宇宙力量的护佑。

敬畏不是放弃与投降，而是放开紧握的拳头，弯下僵硬不屈的脖颈，打开控制的心，带着顺遂和真诚，对更大的自然存在说："是的，我接受。我放下控制的欲望，让一切自然地发生。就像早晨太阳自然升起，潮汐总有自己的方向，花儿到时自然开放，宇宙让所有的花草、树木、动物、风、阳光都顺畅运作。生命和宇宙是如此奥妙，人在这一切面前只有谦卑。我知道此刻理当如此，整个宇宙理当如此运转。"放下"人定胜天"的狂妄，让自己在内心深处与自然万物连接，自然而默契、随时随地吸收大自然的营养和能量。

爱默生曾写道："站在荒野平地——我的头沐浴在宜人的空气中，整个人像被拉进无垠的太空——此时，所有自私自利的自我瞬间消失无踪。我变成一个透明的物体，我什么都不是，我看到了一切，宇宙存在的气流穿透了我的身体……此时，我的心已完完全全为这不朽、无限的美景所占据。"大自然的壮阔与美景让人觉得渺小，这种精神上的体验，就是一种敬畏感。欣赏伟大艺术品，听交响乐或演讲时可能会有这种类似的体验。

康德曾说真正让他心存敬畏的有两样东西：头顶上的星空和心中的道德戒律。康德将道德与大自然做了连接。达尔文到南美洲探险时，也曾谈到大自然如何撼动他的内心："身处巴西原始森林的壮丽美景，我心中不禁赞叹。充满心中的这股惊叹、景仰与奉献之情，实非笔墨所能形容。"

当人经历一些重大事件和巨大挫折时，比较容易产生这种敬畏感。比如自然灾难，身患疾病，或亲人突然离去，往往会让人感到极为痛苦和无助。在到达极限时，人们往往会真正感受到更大的力量和存在，感受到自我的渺小，会感觉到生命之间的连接，充满智慧和爱——与一切相爱相处，因为一切皆是自己，自己是一切。"天人合一"的力量是巨大的。只有这样，人与人之间的关系才变得友爱而和谐，世界上将不再有冲突和战争，人类会更加爱护我们赖以生存的地球环境。

要生存，就要与宇宙、生命合作。这种合作是内心没有分别的爱，在此基础上生起利他之心。佛教的慈悲观，是建立在慈悲喜舍的四无量心之上的。舍心，就是众生平等之心。人不再是万物的中心，走出自私的局限，才可以看到众生的平等。在此基础上，带着爱与感恩，为众生服务，顺应了自然与宇宙的"道"和法则，就容易变得更卓越，更伟大！

学习感恩。感恩和爱在所有的情绪中是频率最高的能量，感恩可以化解所有的仇恨与对抗。很多父母企图用说教教孩子感恩："看父母这么辛苦还不是为了你！""你有这么好的生活环境，应该感恩！"可是事与愿违，这样教育长大的孩子非但没有感恩之心，反倒多了愤怒、负罪之心，他们会说："我又没让你们这样对我，是你们没经我同意就生了我，让我受苦，我情愿没有生下来！"

很多人都在做感恩教育，却没有人跟孩子讨论到底"恩"是什么，为何而感恩。

"恩"是"因为没有付出，没有资格而得到的东西"。那么一个人每天生活，有哪些没有付出而得到的恩呢？抬眼望去，温暖的太阳每天照耀我们，不管我们是否在意过它；看不见的空气，无时无刻不在支持我们活下来；还有那只鸟儿一直在早晨唱最美的歌，虽然我不知道它叫什么名字；当然还有那个铺路的人，那个造车的人，那个每天把早点端到我面前的人，那个把生命给我的两个人，让我来到世界上，感受如此丰富的生活……所有这一切，都是我们要感恩的存在，当我们愿意细数这些值得感恩的资源时，我们会感受到与万事万物的连接，感受到大自然的神奇、世界的丰富多彩、宇宙的浩瀚美丽，更会感受到自己的富足。被无限的丰富祝福着，成功与幸福才会更容易！

只有感恩，才能懂得珍惜，才能感受到生命的宝贵。只有常怀感恩之心的人，才是真正成熟的人。不再带着抱怨、索取的儿童心态，可以为世界付出自己的价值！所以感恩之心是有"感"之心，发自内心的感恩才是真正的感恩。

　　父母会感恩，才会影响和感染孩子学习感恩。父母是否感恩过孩子的到来，让自己有机会成为父母，体会陪伴一个生命成长，重塑自己生命的快乐？父母是否每天在饭前都会念感恩词，感恩天地万物和一切？父母是否每天都做感恩练习，让自己活在喜悦和爱中？当这一切都是由心而发，不是流于表面形式时，孩子就会由衷地感恩了！

　　放松下来，深呼吸，开始把注意力放到自己的呼吸上。每次向外呼气时，感受身体的放松。

　　然后从头部开始，感恩你的身体。感恩你的头发保护了你的脑袋，感恩你的头脑帮助你思考，感恩你的眼睛让你看到色彩丰富的世界，感恩你的耳朵让你听到了大自然的声音和美妙的音乐，感恩你的鼻子让你闻到了花香美味，感恩你的面颊让你可以笑和哭，感恩你的舌头、牙齿、嘴巴让你可以吃东西和说话，感恩你的脖子支撑着你的头颅，感恩你的肩膀帮你承载那么多东西，感恩你的手臂帮你拿到喜欢的东西，感恩你的手让你可以轻巧灵活地抓取放下，感恩你内脏的每一个器官如此和谐健康地互动，感恩你的双腿支撑着你的全身，感恩你的双脚带你到各地旅行探险……

　　当你完成了对全身的观照和感恩，你也许可以感觉到身体每一部分都在与你对话和呼应，你甚至有感动的泪水流出来，允许这份情绪的流动吧。然后继续感恩你坐着或躺着的这个地方、这个房间，允许你感受这份安全。当然你注意到平时忽略的空气原来一直陪伴着你，你从来没有为它付过一点代价。你还感受到这个房间之外的大树、小草，给了你那么多自然的生机和绿意。还有街上来来往往的人群，让你感受到生命的顽强和独特。而为了维持井然有序的秩序的所有工作人员，一直默默无闻，各就各位。你甚至开始感恩你脚下的这片土地，没有怨言地承载着万千的人们。天上的太阳和月亮，毫无差错地更迭，让你可以享受光明和休息的节奏；这个不停运转的地球，就这样以精确的角度自由地游走在宇宙和银河系之间；还有更遥远的太空，更加神秘的世界，给了你多少启发与智慧……

只要时间足够，我猜你可以在这个时刻感受到更多值得感恩的存在。而当你慢慢结束这个过程，回到现实之后，你一定会有完全不同的体验，你会被爱与幸福充满，你会感受内在无比的富足……把这美妙的一切也分享给你的孩子吧！

学习承担责任。每个人都不是孤单地生活在世上。个人通过父母与家族连接，与更多人连接。生存中每时每刻依赖阳光、空气和水，与此同时创造着二氧化碳，影响周围的人事物。每个人都是偌大生物链中一个不可代替、不可忽视的存在。所以每个人被其他人事物影响，同时又影响着其他的一切，这就是生生不息的连接与传承。

你一定看过地球的图片。在太空中俯瞰地球，寂静的蓝色星空下，一颗美丽的星球缓缓转动，姣美而迷人。她养育着地球上的每个人，同时又受着每个人的影响和伤害。我们曾经为她做了什么？社会动荡、人口膨胀、战争频仍、恐怖暴力、自然灾害、空气污染、问题食品……每个人都对自己的生存深感忧心与受威胁。很多人都以愤怒、戏谑，或者旁观者的角度谴责这个让人担忧的世界。有人选择离开自己的国度，移民他国寻一份安全。可事实是，网络时代，交通工具日行千里，地球已缩小成一个村落，再难寻到一个世外桃源，可以让自己逃避。唇亡齿寒已不再是个成语故事。一只小小的蝴蝶在巴西上空扇动翅膀，可能在一个月后的美国得克萨斯州引起风暴。我们必须清醒地认识到这个世界发生如此多的对抗冲突，也有自己的一份责任！

人类习惯了只关心自己的、家人的、团体的、国家的生存，人们习惯了以分裂的状态而生活，一切出发点都是保护自己的利益，活在"我"和"我的"局限里。当下的每个念头、每个行为、每句话，都是为了"我"，为了狭隘的"我们"，却无视伤害其他群体和生命存在的利益。于是冲突出现，对抗出现，这一切难道真的与你我无关吗？

有个故事说一个智者受到一个年轻人挑战，那个年轻人捉了一只鸟，握在手心里。他对智者说："都说你无所不知，那么你告诉我，我手里这只鸟是死的还是活的？"

智者看着他："我若说是活的，你会捏死它；我若说是死的，你手心一张，小鸟就会飞走，生命在你手中！"我们每个人的生命都在自己的手中，此刻自己的手中。

从蝴蝶效应，我们也可以反推：一只蝴蝶少扇动一次翅膀不就可能在一个月后的某个地方减少一场风暴吗？那么我们一个小小的举动，自然也可以抑制一场风暴和灾难。少开一天车，关紧水龙头，少用一张纸，少一句抱怨和牢骚，多给一个微笑，多问一声"你好"，通过我每个当下的改变，就可以推动社会、文化形态的改变与演进。人际互动是我这个人、我的感觉、我的信仰的延伸与投射，那我能为别人做的最有意义的一件事，就是呈现一个最开放、最有创造性和充满爱意的我。如果我不快乐，不高兴，我所有的行动和投射反应就会影响着周围的世界，我专注、开放、真诚，那我为这个世界所提供的服务就可以创造一个专注、开放、真诚的美丽新世界。若干人共同形成了群体的生理和心理网络，这个群体的改变、演进，取决于每个成员的改变和发展。所以，**假如我想看到一个美丽的世界，我要负起我在这个世界的责任！**

美国最大的天然气公司英朗企业的总裁蒂尔纳森说："我过去和现在都坚信，一生中最让人有成就感的事，就是创造一个道德高尚、合乎伦理的环境，鼓励其中的每一个人去实现潜能。"

我的承诺

从今天开始，我不抱怨我周围的世界。每当我感受到外界人事物有让我不满意之处，每当我感觉到内在有指责、抗拒的声音时，我把伸出去指责的手指转过来，对着自己说："我曾经做了什么，让这些情况发生？"

从今天开始，我承担我曾经所做行为的一切结果。每当我感觉到周围的人事物让我不满意，或者伤害到我，我知道这是以往我曾对其他人种下的不善的种子成熟的果子，我对这果子说："我接受！对不起，请原谅，谢谢你，我爱你！我用真诚的忏悔承担我的所有责任，直到可以带着感恩之心放下它们。"

从今天开始，我带着觉察，在每个当下种下有益于世界和谐与爱的种子。我时刻提醒自己我想要什么，我可以怎么想、怎么说、怎么做才能让我收获到它们。在当下，我带着喜悦，种下它们，时刻滋养它们，直到它们成长、开花、结果。

我承诺，从现在开始，我承担我生命的责任！

我承诺，从当下开始，我把喜悦、爱和感恩带给世界，带给众生！

第六节　晚年生活愿景

案例一

　　吴先生有自己的企业。今年已经六十八岁的他一直发愁一件事：自己年纪大了，孩子又不成器，没有人接班怎么办？三个孩子中，大儿子游手好闲，不务正业。老二是个女儿，总不能把家产留给女婿吧？老三是个儿子，在国外读书回来，跟老爸干过一段时间，却因爷俩想法、做法差异太大，愤而离去，自己去弄了个小公司。吴先生身体日渐衰弱，再加上后继无人，又急又气病倒在床。企业眼看就要受影响，有人建议他找个职业经理人，他坚决反对，说自己死也不会把企业交给外人去管。他拖着生病的身体坚持工作在厂里，所有人都为他担忧。

案例二

　　郑女士在六十五岁的时候终于把自己的企业交给了儿子去管理。儿子接班时与她约法三章：不得过问企业经营，不得插手任何人事，不得操控客户。她离开公司后本该好好休息，过幸福的晚年生活，但她却感觉无所事事，每天好像在挨日子。她迅速衰老下来，半年不到变得敏感、憔悴、焦虑不安，一场大病让这个女强人倒在了病床上，从此过上了被人照顾、生活不能自理的生活。所有认识她的人见到她的状态唏嘘不已——都是退休惹的祸！可是无独有偶，像她这样的人比皆是，不会"享福"的人是因为没有做好人生规划！

你现在几岁？

你为了这个事业工作了多少年？

你还打算工作多少年？

你期待自己什么时候退休？

你希望怎样过自己的晚年生活？

你会怎样把你的事业传承下去？

如果你拥有的是家族企业，你打算怎样消除"富不过三代"的魔咒？

不管你是否愿意，每个人都避不开退休和晚年的话题。退休所代表的晚年生活，是生命中非常重要的阶段。这是人生储藏宝藏的地方，经历了少年的懵懂、青年的激情、中年的成熟之后。晚年生活是人生财富的整理阶段，也是完整生命中跟放下、改变、失去、传承等有关课题学习的时期。我们必须学会提前准备并充分享受人生中这段美好的时光，因为这个时光的尽头就是此生生命的结束，是死亡。所以退休是瑰丽人生新阶段的开始，是一个回归自然之前的准备阶段。在这时如何整理经验，并将其传给子孙后代，决定着生命之圆的圆满水平。

有的人一生都在渴望退休，可退休之后，却无法适应自己社会角色的转换，还没来得及享受自由的生活，就开始与疾病做伴，让后半生在病痛中度过。这些人往往一生都没有做自己喜欢的工作，虽视退休为解脱，却并没有在心理上做好充分的准备。有的人习惯了权力和控制，总是觉得找不到可以代替自己的接班人或者不信任接班人，所以迟迟不肯退休。有的人表面上退休而实际上在幕后掌管大权，尽管体力不支也不肯放下。这些人往往是家族企业的掌门人，责任重大而不愿隐退。还有的人事先选好了接班人，完成了最后的交接，然后自己去做最喜欢的事情，去传播自己的经验和智慧。杰克·韦尔奇在他工作三十三年之后退休。离开通用电气时，他是这样完成告别的："我在二十年前得到这份工作，我们在一起进行了很多变革。这是一段有趣、精彩、充满美好回忆和长久友谊的旅行。对于我们曾在一起做的许多事情，请忘记它们吧。那些成为过去的往事，就让它永远地过去吧。我们在一起，做了许多我们没有想到的事，去了我们没有想到的地方，实现了我们认为不可能的梦想。我来自一个跟你们大多数人类似的地方，我很感激你们出色的工作，感谢你们给我的特殊待遇。我爱你们大家。"他在自传中，用满满六页纸感恩在他一生中帮助过他的人，充满期待地开始新的人生。

你希望留给孩子和后代一个怎样的老年形象？一个健康的、独立的智慧老人，还是一个不甘心退出，总感觉世风不古，唠叨不停的"九斤老太"？你是带着恐惧、抗拒，还是平静、活力实足、充满热情？

先来检测一下你关于变老的信念吧：

1. 你的父母怎样度过老年生活？

2. 你希望自己活到多少岁？你会以何种方式离开人世？

3. 谁是你面对衰老和死亡的榜样？

4. 在退休和变老的问题上你是怎样教导你孩子的？

5. 为了让自己健康地过老年生活，你现在做了哪些准备？

6. 你现在如何看待和对待老年人？

7. 你怎样展望自己六十岁、七十五岁、八十五岁的生活？

8. 当你变老时，你希望别人怎样对待你？

9. 直到离开世界之前，你希望用怎样的方式为世界服务？

你是否想过，我们都受时间的主宰，活在时间里，也在时间里失去、死亡？时间会改变一切，我们也终将失去一切：事业、房子、车子、金钱、青春，甚至是所爱的人。人生在世就是在不断地失去。婴儿一落地便失去母亲的子宫，长大的过程中不断地失去拥有的玩具，年龄稍长时失去朋友，所有无形的东西——梦想、独立、成功终将褪色或淡化。没有永恒，想要留住什么是不可能的。但最重要的东西却不会失去，那就是经历的一切对于你的意义。生命不只是失去，还是一个新的开始，是意义的传承。生命是失去和成长同时共生的过程。接受失去就是接受生命的过程，接受失去就是珍惜每一个当下，获取每个当下对人生有价值的意义。

英年早逝的乔布斯在他的演讲中说："死亡是我们共同的终点，没有人逃得过。这是注定的，因为死亡很可能就是生命中最棒的发明，是生命交替的媒介，送走老人们，给新生代让出道路……现在的新生代，在不久的将来，也会逐渐变老，被送出人生的舞台。抱歉讲得这么戏剧化，但这是真的。"

今天敢于面对死亡，就是要认清生命的真相，必须把握住现在的生命，充分地活着。你有多久不曾凝神欣赏大海，闻过早晨的清新，抚触婴儿的面颊，真正享受食物之美？趁现在还拥有生命，即刻就做！

学习放下控制，带着过来人的平和祝福年轻人。不要那么急着给他们指点，给他们自己探索的机会和空间。你知道他们迟早要自己完成这个探索过程，他们不希望你打扰，就像你当初不希望你的父母打扰一样。不要那么急着给他们指出最近的路，近的路是要他们自己比较之后确定的。

学习放下焦虑，带着过来人的平静欣赏后来人。不管你多吃多少盐，多走多少路，你都愿意带着赤子之心陪伴他们，耐心地鼓励他们。在他们急于胜败得失时，宽容地允许他们，就像你当初希望得到的那些一样，你知道他们需要这个过程。

学习放下恐惧，让自己皈依于大自然和更神圣的力量，不要害怕衰老、孤单，不要把儿女们绑在身边，你知道不管他们怎么孝顺你、照顾你，你都要独自经历这个放下和独自咀嚼离开的过程。你明白自己已完成此生的课题，生命圆满之时就是新的历程开始之处，你内在的智慧已照见光明的未来，你的慈悲日臻与万物圆融。

假如生命只有一天，你最大的遗憾是什么？你还有什么愿望没来得及完成？你希望过怎样的生活？列个清单和时间表，逐个去实现。

151

想象一下你已经一百岁，或是比你现在老很多。给自己五分钟，告诉自己（写出来也可以），如何才能在生活中得到更多的幸福。然后尽可能地把希望改变的事项变成习惯。假如你希望自己变老后，要和家人多多相处，那现在就给自己安排一些和家人一起活动的事情。经常去做这个练习，根据自己所写的进行添加或反馈，看自己是否按照那个建议做了。

给自己写个回忆录，你会列出怎样的提纲？你打算什么时间完成它？我们不应该一股脑儿地压抑自己的回忆，但也不要在回忆中生活。这个练习有助于我们合上回忆录，开始新的生活。也许我们还会不时地忆起往事，但最重要的是放眼未来，认清变化可能给我们带来巨大的潜力，为新的回忆增添不同的情趣。

1. 挑选一个舒适的地方坐下，闭上眼睛，回忆往事中你经常想起的一些画面。这些画面可能是人的面孔、一段插曲或一些地方。从中选出十个（可多选），一个画面可能代表的就是你生命中的一个阶段。

2. 假设你将这些画面逐一贴进一个画册，美好的记忆和不好的记忆都贴在一起。浏览这些记录着往事的图画，一次次深呼吸，吸入美好的记忆带给你的意义和价值，同时吸进不好的记忆背后深藏的意义和价值。让它们都在你的身体里流动，留在你内心深处最重要的地方，带到你未来的生活中。带着感恩的心，放下这些画面，只留下对你的意义。

同时允许某些画面还会不时不由自主地出现在你的脑海。

3.想象合上画册，把它放在你极少去的一个房间的书架顶层。

4.想象一个空白的、全新的画册，你将向里面添加图片。但你现在没有必要考虑贴新图片的事，这些事可以在你积累了丰富的阅历之后再去做。

亲爱的朋友，我们这趟旅程又将结束了！这是一段很长的旅程，我们经历了生命的回顾，我们看到了这条曲曲折折的成长之路上有成功的欢乐，有挫折的痛苦，还有创业的艰辛和成就。我们探讨了生死，探讨了金钱、事业、人生与宇宙，还有我们可以传承的财富与精神。当然我们也区分了为生存的工作和为奉献的生命工作，我们甚至提前规划自己的墓志铭，写自己的回忆录。在这个过程中，我们体验无常和放下，我们感受谦卑和责任，我们感觉与万物和生命的连接。这都是非常美妙的体验过程。我们在这个殊胜的旅程中所有的发现和收获都融化为更深邃的智慧和慈悲，让我们感觉到被爱包围，与这个美丽的世界融为一体，从过去到未来，以至永恒！

让自己这团光和爱，从更大的光与爱中慢慢分离出来，慢慢回到这个房间。回到现实中，看到你眼前的这个房间里的一切，动一动手和脚，动一动整个身体。站起身来，走出房间，去到太阳下面，带着已经改变了的不同的你，带着一份觉察，看自己重新回到人群中，有了怎样不同的举动和言行。去体验改变后的人生吧！

世界因你而美丽

寂静法师

一

我知道，我不是偶然才来到这个世界的，我是主动想来的，我是为了伟大、美好、无私的梦想而来的，我是为了通过各种苦乐顺逆的体验来历练自己而来的，并由此完善、成长和提升。

我是因为爱这个世界才来的。所以，我将用全然的爱来接受这个世界，用全然的爱让世界更加美丽。

我深深地知道，物质不能让世界美丽，唯有美德、智慧与爱才能；物质不能拯救人类，唯有美德、智慧与爱才能。

我要让世界因我而美丽！

二

我知道，我所有的长处都是源于父母祖宗，但它不是我炫耀和自私的资本，它是上天与祖宗赋予我利益众生的工具，它是我展示生命的伟大、美好和无私的途径。

我知道，缺点和不足不是我自愿的，我是从有缺点和不足的爸爸妈妈而来的。但我知道，选择这样的爸爸妈妈是我的自愿。我选择的目的是要来到这个世界，与我的爸爸妈妈一起学习和提升。所以，对于这些缺陷，我不抗拒，我全然地接受，我要通过今生的忏悔、忍受和努力来弥补。

我想对爸爸妈妈说："爸爸妈妈，我来到你们身边，就是希望帮助你们改变，也希望你们接受我、容忍我。我愿意从今天开始，不再用完美要求你们，也请你们不再用完美苛求我。我是你们的一部分，我们是一个整体，让我们一起改变，改变才是力量！让我们一起用包容让生命美好，一起用爱让世界美丽。"

三

我要对自己的生命负责。我知道，决定我生命的主因是我自己。没有命运，只有选择，选择我的想法、语言和行为；没有命运，只有创造，创造生命的喜悦、美好和神奇！命运是一个个选择连接起来的轨迹，命运是不断创造累积起来的总和。

我活在这个世界，就是为了改变这个世界。我知道，爱是一切创造的源泉。我要用全身心的爱来对待今天——每一个人，每一件事，每一株小草，每一粒石子……我要用全身心的爱来迎接美好的明天！

四

每个生命都是由身体、大脑和心灵组成的。就像一个礼物，里面比外面珍贵，内容比包装珍贵。我的大脑里装着什么，比身体的长相和穿着珍贵，而我心灵的美德、胸怀、智慧和境界，比大脑里的更珍贵！所以，我要重视心灵的净化和提升。

我知道，我的心是一个发射站，心中的每一个念头都会像无线电一样发射到整个宇宙，从而影响整个宇宙，对天地万物产生正面或负面的影响。我会因此得到一个反作用力，这就是所谓的感应或者报应。

我知道，心在哪里，命就在哪里；心是什么，命就是什么。所以，从今天起，我要用心中无限的创造力来影响世界！

我也知道，世界是我心灵所投射出的影子，就像电影是光碟投射的影子一样。我生命的一切好坏顺逆，都是我心中的业力所呈现出来的假相，我才是真相，我是什么样，它就是什么样。世界就像是我的镜子。我要通过改变自己来改变世界，让世界因我而美丽！

五

从今天起，我要高高地放飞自己的梦想，积极乐观地生活和学习。

上天从来没有规定我此生将是什么样的，一切万物都没有规定我能做什么、不能做什么，必须是什么样的人、不能是什么样的人。上天把一切的主动权交给了我，他从不控制我，他让我自己决定自己的梦想，然后慈悲而无私地帮助我、成就我。

就像天地从来就没有决定一块土地里要长出什么。农夫播种了一粒苹果的种子，天地就会用全部的力量来帮助他长出苹果；农夫播种了一粒花椒的种子，天地就会用全部的力量来帮助他长出花椒。

我知道自己的梦想有多么重要。它就是一粒种子。无论我有什么样的梦想，上天都会来帮助我、成就我。如果我是一粒小草的种子，天地就会帮助我成为一株小草；如果我是一粒鲜花的种子，天地就会帮助我开出一朵鲜花；如果我是一粒楠木的种子，天地就会帮助我成为参天大树。

我要成为这世界上一粒最美丽的种子，让世界因我而美丽！

六

我知道，生命是上天赋予我的最大财富，我是自然中所有的奇迹中最大的奇迹。

曾经，有一个善人在春天分别给了两个乞丐一间破房和一块空地。可是到了秋天，懒惰的乞丐贫病而死，而另一个勤劳的乞丐却富裕安乐。

在宇宙中，每一个灵魂都是乞丐，四处漂流。老天就是善人，给了属于我的一间破房和广袤无垠的空地。那间破房就是我不完美的身体，而那块空地就是我无边的心灵。

我知道，只要我用勤劳播撒智慧与爱的种子，就一定会有硕果累累的明天。

从这一刻起，我要用无限的信心展望未来！

七

我知道，生命中最珍贵最强大的就是灵魂，而灵魂的依附和营养就是信仰。所以，我要从现在开始，建立自己的人生原则，从原则升华成信念，再从信念升华成信仰。我知道，当我的生命开始依靠一个超卓完美的信仰时，我的生命就会自然卓越完美。

我今生要把我美好而坚定的信仰传播给那些迷茫的人，让他们也因此觉醒和伟大。我要把喜悦带给那些苦难的人，让他们因此幸福。我要把智慧和真理带给那些黑暗中的人，让他们重见光明。

这就是我努力学习、成长、吃苦和忍受的动力！

我要带着希望，怀揣梦想，我要让自己像花一样绽放，我要让生命因我而飞翔。

我要让世界因我而美丽！

孩子，我想把它传给你

一、整理现有资源与财富清单

1. 请在两分钟时间里，凭内心感觉为自己做个评估（每项从圆心到端点最高分为 10 分）：

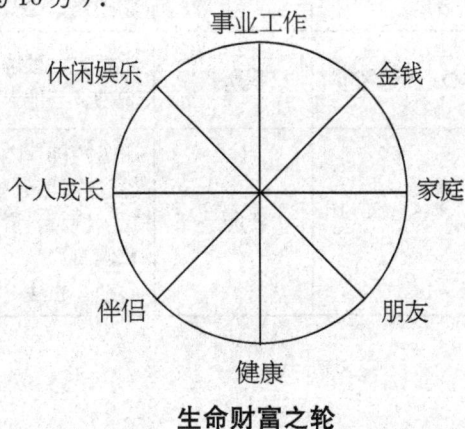

生命财富之轮

2. 请在两分钟内，凭内在感觉为自己做评估（每项从圆心到端点最高分为 10 分）。

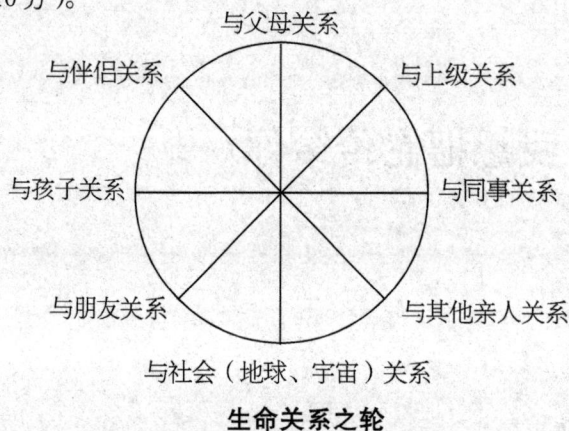

生命关系之轮

3. 你觉得自己以下三大资本（财富）各占多少比例，最需要提升的是哪一项？

资本名称	人的智能	作用	要素/象征
物质资本	IQ 理性智能	我所想	认知力、记忆力、思维力、想象力等；金钱、物质财富
社会资本	EQ 情绪智能	我所感	觉察力、理解力、运用力、摆脱力；与他人、组织的关系
心灵资本	SQ 心灵智能	我所是	服务精神、内在力量、开创性、成就感、感恩、终极目标、使命、责任；高层次动机和价值 心经、心法

二、梦想离你有多远

　　画一条你自己的生命线，看到在这条线上你自己的过去、现在、未来。你会几岁离开世界？你现在几岁？从今天到离开世界，还有多少路程？再看今天之前你生命中最深刻的记忆，有哪些重要的人事物让你难忘？把每个点标记出来，然后用一条线连接起来，那会是怎样一条曲线？这条曲线中有多少经验、财富可以传给你的孩子？借这个机会整理一下过去的行囊中有什么要清理、放下的。完成它，让你内在畅通，一身轻松地向前走。

　　看今天到未来的路上，你还有多少梦想要去实现？把具体的时间点标记出来，让自己看到并策划去实施，不要让它成为一直都顾不上实现的愿望。

出生	现在	未来

三、成功的秘诀训练

· 感恩挫折

　　找到以往曾有过的挫折案例，想象中对那个事件相关的人或场景说：谢谢你！因为有了你，才有了今天长大的我。我把你放在我心里最重要的位置，每当未来人生中需要时，就请你来提醒我，帮助我。

· 我的挫折清单

　　跟孩子们一起，各自在一张纸上列出自己从出生到现在遇到的挫折，并分为对现在有益的和无益的两类。同时看哪些是提醒自己要修订目标，哪些是提醒自己要修改方案，哪些还有其他帮助。

意义或阻碍	所有记得起来的挫折事件
提醒我修订目标	
提醒我修改方案	
提醒我提升能力	
其他意义	
无价值，只有阻碍	

· 采访挫折

引导孩子带着挫折清单去采访生活中的亲友、师长，或者去寻找有关挫折的故事、名言，跟他一起分享这次采访的收获。

四、培养孩子的谦卑心

每当孩子对他人有抱怨、不屑、自以为是、抗拒、愤怒等情绪时，说明他身处"你不如我好""我对你错"的傲慢中。适当地帮助孩子认识它，并给予引导，将成为孩子人生成长中非常重要的学习机会。怎样做呢？

方法一

先引导孩子找到自己恰当的位置，看对方在系统中的位置比自己高还是低，或是平等。

对于比自己高的（如自然、老师、家长、社会、传统、文化、制度等），只能接受，接受自己小、他大，他的力量强、自己力量弱，他比自己先来、自己后来等现实。可以说出来，也可以同时鞠躬表示接受。

对于跟自己平等的其他的存在（如同学、同伴、其他人）只能尊重，尊重他们用自己的方式生活和学习。尽管他们与自己的习惯和方式不同，但那是他们的选择和权利，是他们自己的决定。自己不是他们的父母，没有资格改变或阻止，就像别人尊重自己一样，尊重别人的存在。

对于年龄比自己小，地位比自己低的人，即使对他们有指导的义务，也要带着尊重的态度，引导对方看到更多的可能性。至于对方是否选择，如何决定，也要尊重他的决定。不代替对方做决定和选择，相信对方有能力自己照顾自己，这是放下傲慢最重要的修炼！

有人会问：假如我要管理我的下级，应该怎么办？首先，要明确上下级分工职责不同，上级职责是帮助下级，为下级服务。管理是通过有效沟通，让下级了解自己的工作职责、任务目标、工作制度等。下级接受及执行情况，是通过制度的考核给予奖惩。管理者不是制度的代替者，不该居于制度之上。

方法二

这是被称为有神奇魔力和魅力的夏威夷疗法，屡试不爽，总能产生神奇的转化能量，完全不需要与孩子产生摩擦和压力的当事人在场，会让孩子放下傲慢。

跟孩子分享这四句有魔力的话："对不起！请原谅！谢谢你！我爱你！"不管他遇到什么难以接受的人和事，认同了他的情绪之后，就可以跟他一起。在想象中，对那件事或引起情绪的那个人真心地说这四句话。每一句话都可以重复多次，也可以把最有感觉和最触动的话多说几次。

你如果也能跟孩子一起来完成，一定会有惊喜的发现。假如你愿意记录下来或者分享，那会很美妙！

五、帮你寻找适合的工作

可以发挥优势和热情，与使命相关的，通常又是有挑战性的工作，与你的生命工作相契合。

你可以问三个关键性的问题：

1. 什么带给我意义？什么给了我使命感？

2. 我觉得快乐的事情是什么？什么带给我快乐？

3. 我的优势是什么？我擅长做的又是什么？

注意顺序，分别填在这三个圈里。然后看一下答案，找出交集，那个工作就是最能使你感到幸福的、最适合你的。

MPS①帮你在最宏观（使命）以及最微观的层面（每天生活应该是怎样的）找到你的方向和使命感。

意义　　　　　　　　　　　　快乐

优势

---

① MPS 是哈佛心理学博士泰勒·本-沙哈尔提出的一种人生定位方法。
MPS 是意义（Meaning）、快乐（Pleasure）、优势（Strength）的英文缩写。

MPS 这种方法也可以帮助你在其他领域中做出重要的决策，如选修课程。作为管理者的好工具，它可以帮助员工发现感觉有兴趣、有意义，又能发挥个人优势的工作，还可以帮助人力资源部门更好地选择新员工。

六、与自然连接

大自然本身就是一种美德，还有什么比大自然更美、更平和呢？通过冥想一种自然特征（画在纸上的、真实的或想象的都可以），我们就可以与这种美德联系在一起，从而提高我们自己的品德修养。一朵真正的花可以显示出人的精神。

选一朵真正的花或画在纸上的花，作为冥想的基础，仔细观察这朵花的形状、颜色和结构，将它放在手心，体会它的温度，用手指感受叶面的每一根脉络。闭上眼睛，感受花的气味。你如何使它具有生命呢？你赋予它哪些特点才能使它变得更加完美呢？

专注于这个形象，把全部注意力都集中到这朵花上，摒除其他一切杂念。

这个形象与你有哪些象征性的共鸣？这些共鸣映射了你自身的哪些特点？

现在想一下你赋予这朵花的各种特点，从与自己性格特点相对应的方面去考虑。

如果这朵花有一些消极的特点，比如一个花瓣枯萎了，那么还会映射出你的什么特点？集中注意力修补这个消极方面，树立起一个积极的自我形象。

按照此法冥想外界物体，直至你感觉自己所看到的美就是自己美德的直接反映。

七、重审金钱关系

这部分是海灵格先生对于金钱关系整理的九个部分。你若能静下心来做好每一步，相信你已找到财商教育的基本提纲了。这也是重审你与金钱关系的大好时机。

第一步，通过回忆来寻找你开启未来财务之门的钥匙。把时光倒退到能够回忆起来的最早时刻——人们早期有关金钱的经历。也许表面看起来有些事与金钱无关，却会对你现在对金钱的态度产生直接的影响。

第二步，正视你的恐惧并建立新的理念。无论是私下还是公开，我们对金钱常常讳莫如深，多数人都不愿承认对钱存在恐惧或担忧。正视这种恐惧，以积极的态度面对金钱，然后才能通向财务自由。

第三步，对自己诚实。诚实地面对你的现实，对比你挣到的钱和花出去的钱，用具体的方法掌管你的财务状况。

第四步，为你所爱的人负责。如果你爱你的父母、孩子、伴侣，就请安排好你的一切，包括疾病和死亡，为他们承担你应尽的义务。

第五步，尊重你自己和你的金钱。金钱也是有生命的，你尊重它，它才会愿意和你在一起。尊重自己的金钱，实际上就是尊重自己的表现。

第六步，相信自己胜于相信他人。同样的一笔投资，自信的人赚钱，盲从的人亏本，所以你必须相信自己。

第七步，接受你应该拥有的一切。解放你的金钱，让它自如地流出去，它会源源不断地流向你。

第八步，理解金钱循环里的潮起潮落。坦然面对金钱循环中的起伏波动，以积极的心态对待挫折。

第九步，认识真正的财富。财务自由的最高境界是拥有一种富足的心态。真正的财富和金钱毫无关系。

八、关于你的墓志铭

在你离开世界时，你希望人们如何评价你？人们会用什么词来形容你？你希望人们会怎样为你送别？你希望怎样处理自己的肉身？你希望你的后代怎么纪念你？

你希望自己留下墓志铭，还是希望由某个你最在意的人为你写？你若自己写，会写什么？你若由他人写，你希望他们写什么？

九、整理你的传家宝

如果你有一个精致的箱子，是你给子孙留下的传家宝盒，里面装着你最想留给后代的宝贝，看看你今生给孩子留下的最珍贵的东西是什么？除了那些你珍藏的宝物，比如家谱、老照片等，你还留下一个别致的本子。上面记着你家族独有的精神财富和荣耀，那是什么？假如你希望你的儿子向他的儿子、孙子、曾孙介绍家族的优秀品质，那是什么呢？你希望这些成为家族世世代代可以传承下去的永远的财富，那会是什么？你怎样用最精练的语言文字概括下来，让孩子们听得懂、记得住？有什么值得写下来、传承下去的？

妈妈有什么要留给孩子的财富，妈妈的家族中又有怎样的财产、家族精神可以传给孩子？爸爸呢？

把以上关于事业、成功、金钱、人生，与世界、宇宙的关系，死亡等话题所思考的内容转化成智慧的文字，你会怎么写、怎么说？花一点时间，去做这件事吧，替你的父母、祖先去完成这件值得荣耀而重要的事，让过去那些被忽略却又如此重要的东西变成可以看得见的文字，彰显在纸上，让子孙们以此为鉴。

你们期望后代们过怎样的人生、做怎样的人？写下来吧，给他们一个指导，让他们有章可循，让他们在人生艰难的时候打开这个宝盒，得到你们的祝福，汲取你们给的力量和支持，让他们能够感受真切而宝贵的家族精神。这样生命河流中与爱的源头相连接的力量就可以持续不断地涌向他们，绵延不绝。还有什么比这更宝贵的财富和传承呢？

静下心来，为你的家族、后代，去完成这个伟大的工程吧！记着，一定要记得写上你自己哦！

下篇 我的幸福我做主

求道者：你能简单扼要说明世
界为何无法和谐吗？

智者：（肯定地回应）因为你与妻子
不和谐。世界是面镜子，你在
外在世界所经历的状况是你内
在意识形态的倒影。

家庭关系的幸福秘籍

你一直都在追求幸福。那么，什么是幸福?

经过了前两段关于自己和事业的探索之路后，想必你已越来越渴望靠近这个话题。让我们开始这段新的探索旅程，看到你内在真实的渴望!

来到已经熟悉的专属你自己的放松空间，做好所有准备，让我们还是从练习开始。

静下心来，把注意力放在你的呼吸上，从头到脚，快速扫描自己的身体，开始感受身体从头到脚的放松。你可以想象自己被喜欢的颜色从头到脚笼罩着，越来越放松。

然后，在心里问自己生命中最重要的是什么，可以是人，也可以是物。好好想一下，让答案自己浮出来，也许是照片或画面，也许是某些字眼，也许就是某种感觉所代表的某人或某物。请它们一个一个浮现出来，不要多，只要五个。在心中看清楚它们，感受它们对你的重要性。也许这时候你开始浮现出笑容，你感受到了那份愉悦或者是幸福。

慢慢睁开眼睛，在桌前的五张纸上分别写上你刚刚找到的最在乎、最花费精力的人或物。把字面向下，搞混次序，直到你不记得哪张纸写的是什么。

现在，请你随意从中抽出一张撕掉，毫不犹豫地撕掉，听听纸被撕时发出的声音，仿佛有一种无形的力量逼迫你必须即刻毁掉你所珍爱的一个存在。现在你内心的感受是什么？你害怕撕掉的是什么？你最希望不被撕掉的是哪样？

接下来再抽出一张，请再撕掉，听纸裂开的声音，与之告别，感受不再拥有它的感觉。再撕掉一张，又会怎么样？

直到留下最后一张，感受你内在的感觉，听你内心的声音，你最希望留下的是什么，最害怕失去的是什么？

……

现在请把最后留下的这张纸放在手里，你是迫不及待地打开，还是害怕打开，不敢面对？心里难过、揪心、痛苦吗？或者感觉绝望、伤心，或者还有一丝侥幸？把你最希望留下的那个写在旁边的纸上，然后把你手中这张纸猛然翻开，看看是什么答案吧！

这一刻你感受到什么？是得以留下的狂喜，还是失去它的沮丧？不论是什么，都跟这感觉在一起，用你已经学习到的跟情绪打交道的方法，安抚自己。

当然你知道，这只是一个练习，一个纯粹的桌面游戏。生活还会继续，你最在乎的五样还在，此刻它们还在你的生活里，跟你在一起！

只是经过这个练习之后，你对它们的感觉与以往已经不一样，你会有失而复得的欢喜吗？你会有我很知足的快乐吗？或者你会有极度悲伤不舍、失而复得后发自内心的幸福吗？

是的，这是一个小小的寻找幸福的练习，通过剥夺拥有而进行的真实体验。有人说只有失去时才会知道重要和珍惜，才知道拥有的幸福。只有拥有时，连烦恼也变成了幸福！

所以，你也许会发现，自己所求的原来如此简单。当你如此真实地触碰到内心真实的渴望时，你感受到真正的幸福了吗？

幸福，这个吸引人的话题，是人类有史以来梦寐以求的东西。曾几何时，中国人在追求并满足温饱的最低需求中生活了许多年，那时的人奢谈幸福。直到改革开放人们享受了物质的快速、极大丰富之后，幸福好像已是指日可待、近在眼前的一个可以追求到的目标了。

幸福＝有房＝有车＝有钱？当人们寻着自己的梦想，迷失在物欲的追求中，却发现幸福指数急剧下滑，反而失去了想象中的幸福。当物质需要满足之后，人们发现一直难以满足的是内心的渴望——对和谐亲子关系的渴望，对亲密情感关系的渴望，对实现自己人生价值的渴望，对与世界连接的渴望。我们不禁要问：幸福到底是什么？怎样去寻找幸福?

有本名为《幸福是什么》的书，汇集了全球 155 位大师探讨、谈论幸福的观点。总的来说，幸福的本质实际上是我们内心的一种特殊感受。幸福感的基础是满足感，而满足感的基础绝大多数是新鲜感。这几种感觉，都与自己的心灵有关系，与外在的物质不一定有关系。物质带来的幸福是非常短暂的，因为追求物质而带来的新鲜感和满足感总会消失的。而物质以外的幸福是为了其他生命的幸福而付出的过程中，所感觉到的强大幸福。这种更崇高的幸福来自于心灵，来自于更伟大、更有意义的工作，是持久的、永恒的。

心理学家、经济学家、社会学家研究了半个世纪，得出的结论是：年收入在 10 万美元左右时，金钱能带给人一种安全感，进而产生一种幸福感。跨越这个界限以后，金钱和幸福没有任何关系，再有钱也不一定会有幸福感。有人带着抑郁购物却得不到幸福感，反而因为欲望膨胀而产生更大的痛苦。

那么怎样可以增加幸福感呢？一个简单的方法就是：放下不如别人的比较，看看你拥有的是什么，看看你有哪些资源和财富。再把你的资源、财富分享和传递给其他人，连接到更多的人，就是最简单的幸福倍增术。当你可以活出高质量的生命关系时，你就是幸福的！

现在就请列一个幸福清单，看看你在身体、心理、家庭、工作、关系中拥有哪些独特的资源。请在下面这份幸福清单中写下你的幸福。

我的幸福清单

我的身体资源和财富有_____

我的家庭资源和财富有_____

我的工作资源和财富有_____

我的关系资源和财富有_____

将这份清单放在手里好好看看。你感觉满意吗？有意外的发现吗？你带着对幸福的企盼开始追求的幸福之路，是否是一条与幸福相悖的歧路，或者是充满辛酸的成长之路？当你发现自己与生命中最重要的人的关系，是影响你幸福指数最重要的因素时，你知道是时候来面对你的生命关系了。它们是你内心中隐藏的痛，这次你必须穿越，你不想再压抑，再隐藏，你不想在下面那段关系中继续摔跟头了。

所以，尽管艰难，我还是要陪你在重要关系中走一遍，为了穿越痛苦找到智慧的解决之路……不要怪我总是让你看到最不想面对的痛，总是往你心中最伤痛的地方戳。相信你已经尝到每次面对痛苦之后的成长喜悦了！

生命就是关系。每个人都在与父母、兄弟、姐妹、孩子、丈夫、太太、学校、社区、国家、社会的关系中成长。有些关系是我们自己选择的——如配偶、朋友，有些是没有选择的——如父母、孩子等。如果移除所有这些关系，我们是谁？在何处？凭什么知道自己存在呢？在心理上，个人是无法跟他人分开的。每个人就像一颗钻石，每个不同的角色就像钻石的不同面，这颗钻石的价值总是在对应不同面的对方身上体现出来。父母的价值由孩子的成长水平来表现，丈夫的好坏由太太决定，孩子的角色由父母评价决定。而创业者的评价则是通过所创造的企业价值决定。所以，一个人只要活在世上，其个人价值是由各种关系的总和决定的。单独的"我"是不存在的，"我"是由一个又一个与他人互动的角色组合而成的，这个组合就是我们常说的身份。一个人的身份幸福指数取决于他在各种关系中的质量及和谐程度。

我们一生中会遇到不同的人，与不同的人互动，每一种关系都是重要的。人与人的每一次接触，不论长久、暂时或深浅，不论是正面、平淡或痛苦，都是有意义的。当意义消失时，这段关系就圆满了，可以画上句号了。

每一种关系没有对错，一切都有它的道理。在每种关系中学习并真正地接受丰富的自己，在与他人互动和冲突中学习治疗自己；找到处理与他人关系的真正秘密。允许对方做自己，全然陪伴对方，放下改变和操控的目的。学习处理关系中的隐藏法则，找到所有复杂关系的基本规律，如此就可以享受每一种关系中的美好，体验幸福生活的味道。

关系的本质是你自己

事实上，你跟你自己内在的小孩就是一切关系的核心，并由此向

177

外伸展出各种各样的关系网络。你通过与周围所有人的互动来了解自己。穿越你在其中体验到的所有情绪，就能看到你内在渴望被爱，不被接受的一面。而这些往往与你内在小孩的受伤状态有关。当你接受内在真实的一切，接受自己在关系中的抗拒和渴望，接受自己内在的罪恶感，你会发现他人并不重要。他人只是帮你看清内在痛苦的一面镜子。当你可以看见并接受真实的自己，让这一切自然转化时，你会发现最后你真的会接受他人、感恩他人。只是这些不是发生在大脑的理性中，是要在情绪和感觉层面体验和穿越，然后自然而然发生的。

比如，最近你的爱人经常对你言语粗暴，你的兄弟姐妹跟你发生了财务纠纷，同事在恶语中伤你，孩子的老师也一直向你告状……你周围的一切好像都出了问题。假如你觉得是别人有问题，一起来伤害你，那么你就会愤怒、抱怨、委屈、痛苦、失望……差不多你体会了所有所谓的负面情绪，成为可怜的受害人，然后你的正能量越来越少，完全无能为力。

可是最后怎么办？你必须自己解决这些问题，自己站起来，没有人可以拯救你。如果你忽略创伤，就会被它耗尽，因为它一直会缠绕着你。当你可以将注意力放在创伤与痛苦上，倾听它，经历它，它就消失了。

让自己静下心来，把指责伤害你的人的手指收回来，扪心自问：我做了什么，让自己如此伤害自己？我曾经对其他人做了什么？是粗暴地对待别人、亏欠别人债务、恶语中伤别人、瞧不起别人的孩子……那些我不能接受的言行，我自己是怎样做给别人，做给当年的自己？现在结果成熟了，我接受吗？我看到内在渴望关注、渴望爱吗？我愿意此刻就给自己这些吗？允许自己此时看到，允许自己此时就给予满足，然后允许自己放下这个伤痛，拥抱被自己遗失的这部分，你就会感觉到喜悦和感恩，就会有暖暖的爱的感觉。这是真实的体验，然后你再看向那些感觉伤害你的人。这就是真正的转化与和解——你与自己和解，然后与所有人、整个世界和解。这是唯一的解决之道。

关系的秘密是允许对方做自己

你与任何人相处都不能也无法改变他人，你能做的是学习经历和接受每个生命独特的过程，接受当下每个他应该的样子。慢慢地，你的心会越来越扩展。你以他本来的样子去对待他，放下对他的分析、判断和改变的任何企图。就像观察一朵花、看一棵树一样，陪着他，体验着他的世界。跟他在一起，看到他对爱的渴望，看到他的痛苦，然后像接受你自己一样，接受他，陪伴他。

每个人都在完全独特的背景下成长，不同的父母、兄弟、姐妹、家庭环境，甚至在子宫中的体验、体质、童年制约、学校教养等因素，构成每个完全不同的成长背景，形成每个人内在唯一而独特的程序模式，成为面对世界不同的过滤镜。你戴了绿色的眼镜，而你的配偶戴的是红色的，你的父母是橙色的、紫色的，谁是唯一正确的呢？谁应该改变呢？如果你只想用你自己的程序改变他人，你就会感受到痛苦和失败。他们的出现是帮你了解绿色之外其他颜色的丰富多彩，你要允许自己去了解和看见。这就是你体验生命的过程，体验各种关系的意义。

当你以这样的状态感受妻子对你唠叨、尖叫、大吼，感受丈夫找你麻烦或对你冷淡，你只是感受和经历，不试图改变任何人。当你成为那个人时，一切都转变了。你将感受到与他连接时内心的喜悦，这是唯一可以改善关系的方式。

有些人习惯与问题共存，留在痛苦的关系中：一是寄希望于对方的改变，二是习惯于依赖纠缠和有伤害性的关系，没资格享受幸福。所以有人会一次次在失败的关系中挣扎，比如不停地换企业和老板，不停地换情感伴侣，在看似不同的关系中重复自己的模式。这就好比想在五金店里买牛奶，不管怎么努力，也不可能找到。假如某个人在生命中重复出现，是因为关于这段关系的学习课题还没结束，还没有收到其可以滋养成长的营养意义和价值。

这些都需要我们找个时间让自己静下心来，面对这份关系和这个人，认真梳理，看对方的出现丰富了你哪一部分生命的体验，对方的到来让你看到了自己哪些被忽略的伤痛和创伤？完成这个疗愈，穿越这份关系，直到可以带着感恩与爱，在心里画上圆满的句号为止。

关系的原型是铁三角

你生命中所有看似各不相干的复杂关系，形成了你的关系之网。

这个关系之网的原型是你与原生家庭的铁三角关系。你所有关系都是由此延伸而来：以你为核心，与比你高的人（父母、上级、社会、系统等）形成下对上的关系；与你同级的人（夫妻、同事、朋友等）形成平等关系；与比你低的人（孩子、下属等）形成上对下的关系。

所有关系都需符合系统法则所隐藏的动力，才能保证关系的平衡和健康。这三个法则分别是：归属感（所有在关系中存在过的成员都有隶属的资格，不可以被忽略、否定、代替），付出与收取的平衡（在关系中成员间相互付出与收取要基本平衡，关系才能持久，只取不授、只授不取或授取差异过大都会导致关系的中断），每个成员间要按照到来先后和大小秩序，确定自己的位置。越界或者放弃自己的权利只会导致混乱。

所有可选择的关系都是可以离开的，所有亲缘关系都是无法改变的。可以这样说，生命中所有关系都是儿时从原生家庭中学到的：从父母身上学到夫妻、男女如何相处；从父亲身上学到什么是男人、爸爸、丈夫，从母亲身上学到什么是女人、妈妈、妻子。一个人来到这世界，六岁之前，在家庭这第一所学校中，通过模仿、观察父母之间的互动，与父母分别互动，学习生命所有关系的原型；然后就是在未来的学校、社会、单位的所有人际互动舞台中一次次重演。

第一节　我与孩子

——陪伴和帮助，充分了解孩子。

个案一

第一次当选总统时，奥巴马说有一件事他很自豪。在长达二十一个月的选举大战中，他没有错过一次孩子的家长会。米歇尔也说丈夫至今仍每晚和女儿一起吃晚餐，耐心回答她们的问题。想问问那些总说没时间陪孩子的父亲：你们比奥巴马还忙吗？

个案二

季先生是某企业的老总。他的二十五岁的儿子大学毕业之后一直宅在家里不肯上班。他半白的头发显出过度的操劳。

他本是为儿子而来，却开始了无法控制的诉说。他说父母都是退休中学领导，对自己非常严格："我父亲从来没有给过我一句肯定的话，他永远都是一张严肃的脸，不屑的轻蔑口气，所以我心里一直渴望得到他的肯定。我在班级的成绩是最好的，后来考上了重点大学，拼命工作。我想证明给爸爸看，让爸爸说我一句好。我现在五十多岁了，所有人都说我能干，说我了不起，可我不信，因为我爸爸从来没这样说过。

直到今年春天，我组织亲戚到海南旅游。那天晚上，我在门外，偶尔听到我爸对另外一个叔叔提到我：'这小子还不错！看起来还行！'当时，我像被雷击一样呆住了，然后泪水就不争气地滂沱而下。我一个人躲到房间里号啕大哭了一场。这是我从小到大第一次听到父亲给我的肯定！虽然背着我，虽然用的是否定词'还不错'。只有我自己知道，为了得到这个可怜的肯定我付出了太大的代价。我拼命工作忽略了儿子，失去了婚姻，我一个人苦苦地求了几十年啊！我知道儿子跟我一样渴望肯定，可是我自己没得到过，我也不会啊！他现在的懦弱自闭都是我造成的啊！"他开始忍不住大哭起来。

这是一个年过半百，被很多人景仰的成功人士发出的呐喊和呼唤！当我陪着他完成这次充分的宣泄之后，与他重新回到儿时，与父亲做了连接，让他重塑与父亲的关系记忆。直到他可以感受到父亲在用独特的方式爱他，肯定他，他才真正地释怀，从委屈中平静下来。然后我再指导他学习肯定儿子。当他在想象中看到儿子开始抬起头来对着他笑的时候，他又哭了起来。这次是感动的哭。

这次之后，这个父亲开始有能力与儿子沟通。儿子在家蛰居半年之后，开始去家里的公司上班了。

在所有生命关系中，父母与孩子的关系是世界上唯一永恒的关系，是不可改变的、不可否定和代替的。不管父母的关系如何，当孩子通过这对夫妻来到世界上，孩子就有了这世界上唯一的父亲和母亲。而父母给予孩子的最大恩德就是把生命传了下来，让孩子有机会去活出自己的人生。

父亲和母亲分别给予孩子不同的爱与支持，父亲给予孩子力量和自信，母亲给予孩子温暖和照顾，这两份爱是不可以相互代替的。海灵格说："当母亲怀胎十月，冒着生命危险把孩子带到这世界，她已经完成了任务。拉着孩子的手，带他去看世界，与外界连接的任务是爸爸的。"这种观点对很多中国父母来说非常震撼，也敲醒了许多人。他们开始审视自己作为父母，给予了孩子怎样的教育。

杰克·韦尔奇说："也许母亲给我最伟大的一件礼物就是自信心。"他在高中冰球比赛失败沮丧退场之后，妈妈冲进更衣室大吼："你这个窝囊废！如果你不知道失败是什么，你就永远都不会知道怎样才能获得成功。如果你真的不知道，你就最好不要来参加比赛！"这段话让他终生难忘。母亲是他一生中受影响最大的人。她不但教会了他竞争的价值，还教会了在胜利的喜悦中接受失败的必要性。

李开复在他的自传中，这样谈到父母亲对他生命的影响："母亲的宽容和娇宠，就像阳光一样笼罩着我，给了我无忧无虑的成长氛围。父亲的中国情结像一条无声的溪流，注入了我的价值观。不知不觉中，当我的人生需要做一些选择时，这些理念影响了我。"

马云则说："二十几年来，我的生活仿佛是《一千零一夜》里的神话故事'芝麻开门'，发生了翻天覆地的变化。但我没有觉得不可思议，因为父亲用几十年的父爱一铲一铲地为我开凿出了最宝贵的成功真相——发掘出你的兴趣，去做你感兴趣的事，再把它变成你的特长，最后让你的特长发挥最大的潜能。父爱让我走上成功之路。"

……

中国人习惯于男主外，女主内。男人的职责是挣钱养家，女人则负责相夫教子。教育孩子似乎是妈妈的专职，父亲的角色在很多家庭里是缺失的，表现在时间、空间上的缺失。父亲经常在外，与孩子相处时间少；功能上的缺失表现为父亲虽然在家，但与孩子缺少沟通互动。有时候母亲对孩子无意识中在心理上独占，排斥父亲介入，将孩子当成自己的私有财产，这些都会影响孩子的健康成长。

孩子就像一棵小树，需要两个树根共同支撑和供给营养。来自父母双方的安全感、力量和支持，是孩子生命中最重要的精神养分，决定着孩子对世界的信念基础。父母在孩子成长中对孩子的有效陪伴非常重要。通过足够高质量的陪伴，为孩子提供一个安全的空间，让孩子学习掌握自己照顾自己的能力，给世界带来正面的意义和影响。

所以孩子出生之后，不到万不得已，不要交给其他人照顾，不管是老人、亲戚、老师或寄宿学校，都不能代替父母的责任和独特的爱。

把孩子留在身边，也不能用控制、代替或者忽略的方式对待他们。只有充分了解孩子成长规律的父母，才能有效地帮助孩子充分成长。父母要给孩子示范未来人生中必备的五大基本能力：处理冲突、迎接挑战、承担责任、面对失去、捍卫权利。这并不是说给孩子听，而是父母身体力行地示范给孩子看，这就是所谓的榜样作用。"父母是孩子的第一任老师"，"家庭是孩子的第一个学校"，就是说孩子未来为人处世的基本原则都是早年在与父母的互动中看到、学到的。可以说，孩子越小，父母的影响越深刻。

陪伴和帮助，从懂得孩子开始。了解孩子从出生到十八岁每个年龄阶段的生理和心理需要，给予孩子每个阶段的陪伴和帮助，既不急于拔苗助长，也不紧张焦虑，父母只要松松地牵着缰绳，陪着这匹独特的马儿找到自己的家就足够。这份"不管你怎么样我都在陪你"的坚持，这份"我相信你可以照顾好自己"的信任，加上父母在需要时可以及时倾听孩子的心声，给予孩子支持和帮助，帮孩子渡过难关，这就是最有效的爱与陪伴了。

在所有的人际关系中，只有亲子关系是最特殊的，因为所有的关系都渴望紧密连接，只有亲子关系从一开始就指向分离。父母要尽一切可能，帮助孩子拥有足够的力量和能力做自己，直到有一天可以带着足够的自信和力量离开父母和原生家庭，开始属于他的未来生活。所以父母真正爱孩子的考核标准，是父母是否帮助孩子独立而自信地走上人生路。

纪伯伦的诗《孩子》道尽了所有亲子之爱的智慧：

你的儿女，其实不是你的儿女。

他们是生命对于自身渴望而诞生的孩子。

他们借你而来，却非因你而来，

186

他们在你身旁，却并不属于你。

你可以给予他们爱，却不可以给予思想，

因为他们有自己的思想。

你可以庇护的是他们的身体，却不是他们的灵魂，

因为他们的灵魂属于明天，属于你做梦也无法到达的明天。

你可以拼尽全力，变得像他们一样，

却不能让他们变得和你一样，

因为生命不会后退，也不会在过去停留。

你是弓，儿女是从你那里射出的箭。

弓箭手望着未来之路上的箭靶，

他用尽力气将你拉开，使他的箭射得又快又远。

怀着快乐的心情，在弓箭手的手中弯曲吧，

因为他爱一路飞翔的箭，也爱无比稳定的弓。

所以，请在这里停一下，思考你在孩子过去的生活中，给予了他什么。也请你静下心来答一份你与孩子关系的问卷。

1. 你每天跟孩子在一起多少时间？

2. 孩子最爱吃的和最不爱吃的三种食物是什么？

3. 孩子最爱听和最不爱听你说的三句话是什么？

4. 孩子最爱看的三本书是什么？

5. 孩子最爱玩的三个游戏是什么？

6. 孩子成长中最难忘的三件事是什么？

7. 孩子的三个人生榜样是谁？

8. 孩子的人生梦想是什么？

9. 孩子最擅长的三个能力是什么？

10. 孩子最感兴趣的三种职业是什么？

只是一份简单的问卷，你需要多少时间完成？你的答案有多少是空白的？看到这些空白处你有怎样的感受？假如把你答完的这份问卷让孩子批改，他会给你多少分？感受一下，你内心那份重重的、堵塞的感觉是什么？不要轻易地放过这份感觉，带着这份感觉，重新回顾一下孩子的成长路，为自己重新做个决定吧。看看现在可以做些什么、学些什么，让你和孩子的未来不同。

从今天开始，认真完成下面的作业吧——

每天或者每周创造与孩子在一起的黄金时间。亲子共同商定，一同做两人都喜欢做的事情。列出一个清单，将两人共同要做的事情归类：时间不少于 1 小时，不多于 2 小时的（两人如同意，可以延长）；不花钱或者只花很少的钱等。在这一过程中，两人需要共同制造乐趣，而且都不准说批评、指使、埋怨对方的话。列完这个清单之后，一旦两人共同确定完成的时间，就去完成并享受其中的乐趣吧！

有一些其他家庭分享的亲子黄金时间的案例可供分享。亲子每人一笔共同创造一幅画、共同改写一首歌、一起坐公交车到没去过的地方探险、随便选一个地方站着观察路边风景、用废报纸做模型、一起骑自行车去照顾孤寡老人……

每天给孩子三个肯定。对能力的肯定是孩子自信的来源，5000次以上的肯定才会让孩子建立真正的自信。每天给予孩子及时有效的肯定是父母给予孩子最宝贵的礼物。你可以这样做：

· 重复孩子说话中重要的字句（随时随地都可以进行）。

· 肯定孩子的情绪（情绪总是真实的）。

· 肯定孩子行为的动机（行为也许无效，任何行为背后的动机总是希望表现得更好）。

· 肯定孩子可以被肯定的部分（在此基础上谈提升）。

· 你可以每天在自己心里做，或者直接抱着孩子，看着他的眼睛告诉他：亲爱的孩子，你是我的孩子，我是你的爸爸/妈妈。感谢你的到来，让我体验到做父母的甜酸苦辣，也让我弥补了自己成长中的许多缺失。我对你的爱是无限的，也是无条件的，我不想控制你、限制你、忽略你，我只想让你有最好的成长。看到你现在的样子，我已经感到很骄傲，感觉一切都是值得的。我相信你会做出更多有意义的事，让我因为你而感到更骄傲，我也愿意继续学习，使我们的沟通更开心，更有效。儿子/女儿，我爱你！

第二节　我与父母

个案一

　　玛利亚·葛莫利（Maria Gomori）是萨提亚家庭治疗模式的三大传承弟子之一。她一生经历过多种磨难。小时候被表哥们欺负，"二战"时家人离散死生逃亡。后来，因为严重的车祸，挚爱的丈夫不幸去世。她对中国情有独钟。她在八十多岁来中国讲课后就爱上了这里，每年都会从加拿大到中国来讲课。学员们非常喜欢这个满头白发，衣着鲜艳的老太太。近九十岁时，她发现自己又得了一种病。所有人都建议她，年纪太大不要做手术了，她却给主治医生发了 e-mail 请求帮助。医生的手术已经排到了两年以后，却在看到她的邮件后同意为她提前安排手术。原来他是葛莫利的忠实粉丝。葛莫利由儿子陪同手术之后，回到只有她一人的家。她把儿子赶回家去陪自己的孩子，坐着轮椅，只请了一个钟点工白天帮自己，其余时间乐观地一个人待在大大的房子里。

　　半年后，她又回到了中国课堂，仍然穿着艳丽的衣饰。她嘱咐自己的徒弟："我随时都可能倒下来，那时你们要帮我把课上完！"这个九旬老人在课堂中病愈，她似乎比以前更精神，更有风采和魅力！完

190

全独立的灵魂、不老的神话，触动了很多怕老，养儿防老的中国人的心——怎样让自己也如此有尊严地老去？

个案二

一个八十五岁的老太太，曾经是苏州城解放时的一名年轻军人。她曾一个人踏着地上的尸体，走在夜晚的街上。后来，她成了干部，一生勤奋工作，退休之后还每天出去帮儿子带孩子，做家务。可是，慢慢地，她却得了一种病：重度洁癖。她连自己的儿子坐过的地方都要去擦。她不肯用保姆，不相信任何人，每天都不停地洗衣服、擦桌子，像个围着自己尾巴打转的猫一样，累得精疲力竭。她主动提出来要见心理咨询师。当她一口气爬上四楼来到我的咨询室时，我看到一个精神矍铄的老人家，还有陪她一起来的两个儿子。当他们三人坐定后，我观察到他们之间的互动模式：大儿子像家长一样，不停地数落老妈的不是，说给她买了新房不去住，给她钱请保姆不肯请，一个人住在老房子里……他的声音透着不耐烦和焦虑，是很常见的孝顺父母的神情和语气。二儿子一声不吭，坐在旁边一直摇头叹气。老母亲像个犯错的小孩子，头低垂着，偷偷地用眼瞟着两个儿子。

想用自己的方式孝顺母亲的两个儿子，悄悄地销蚀了母亲的力量和独立感。我请老人家讲她生命中最辉煌的事，请她讲自己内心真正的愿望。当我暗示两个儿子停下来倾听时，老人家神情激动地开始讲起了自己当年的历史："我是个不怕死的人。当年我曾经踏着敌人的尸体走

191

夜路，什么都不怕。这一辈子什么没见过？就是现在变得这么没出息，老被他们训，越训越紧张，好像什么都怕了。"我明白了，儿子在用自己的方式孝顺母亲，却完全忽略了母亲的内心需要，更没明白母亲内在真正的渴望。她想过有尊严的老年生活，她想让自己永保独立自主的生活状态，不想给儿女们添麻烦，只希望儿女们过得好……这些老人家的心声，孩子们懂得吗？不懂得父母的心，又何谈孝顺呢？

作为孩子，你与自己的父母关系如何？先来做个测试吧。

闭上眼睛，先让自己做几个深呼吸，让整个人的身心都静下来。告诉自己内在的智慧，接下来探究与父母的关系，邀请它给予支持和帮助。直到感觉得到了允许，就开始下面的练习。

1. 看一下在你内心深处储存了父母的什么画面。是爸爸、妈妈单独的画面，还是他们在一起的？你在其中吗？你们分别是多少岁？当这些画面出现时，你的内心感受又是如何？你想到了什么？身体有什么感觉？

2. 假如请你分别用三个词来形容你的父母，你会用哪三个词？

3. 假如你的父母健在，你会跟他们拥抱吗，会看着他们的眼睛说话吗？

4. 假如你有钱，你会怎么给父母用？你会买你认为对他们好的东西，或者要求他们买你觉得重要的东西，还是从不过问他们怎么用你给的钱或物？

5. 想到父母正在逐渐老去，你对他们的感觉是什么？

6. 假如让你看与父母的关系，你自己站在父母的哪里？他们中间，后面，旁边，前面？你能看到自己的未来吗？你是完全专注地走向未来，还是用目光盯着父母？你觉得自己与他们相比，谁的视线更高？你觉得在他们面前自己像小孩子还是长者？

完成这个测试之后，也许你内心已经涌动出很多东西，你甚至发现自己内心深处那些隐藏的记忆如此不可遏制地浮现出来，是关于你与至亲的父母的关系和成长故事。

父母、手足、子女是你不能选择的（或者说是你冥冥中选择的），你往往会说：我跟其他人都很友善亲密，唯独跟我的父母亲友做不到。他们是我最爱的人，也是带给我最多痛苦的人，如果可能，我真的想离他们而去！

可是，今天让我们拿些勇气去面对这些人，这些你最需要的人，这些对你的成长和突破最具挑战的人。因为父母家人无法像其他可选择的关系那般容易割舍，所以通常我们只能别无选择地必须找出一个可以相处的办法。而通常唯一的办法就是爱他们本来的样子！你会发现这份关系让你学到宝贵的人生课题，像钻石需要切磋一样，我们在与父母的互动中慢慢学习敬重和臣服。

从孩子的角度看父母，父母代表着比自己大的一切，代表着一个人与外界的关系，与金钱、事业、健康、世界、宇宙的关系等。生命经由父母传递而来，所以父母大，孩子小。父母就像生命河流的上游，孩子是下游，河流总是从上游流下来。所以不管上游水流有多么细微曲折，只要信任河流本身的力量，总会一路交汇，最后流入江海。对于上游的水源来说，允许流动，允许汇合，看到"万里黄河终到海"就是它的期待；对于下游的河水来说，一路向前就是它的使命。这个过程不可逆转。上游与下游状态不同，却有着相同的目标：让水源源不断地流下去。所以上下游要做的就是在自己的现有位置，一路向前流动而去……

孩子与父母的关系又像树枝与树根的关系。像树根一样的父母深埋在地下，虽然粗糙原始，可它所有的努力都是为了扎根在更深层的泥土中，吸收足够的营养，让树枝和树干更充分地成长。所以树根看似落后于地面以上的所有部分，可它们的目标都是一样：向上，发展，成长！

孩子与父母的关系就是这样，一代又一代在父辈的基础上发展成长，只为后代比前代发展得更好，人丁兴旺。所以孩子的趋势是向前、向上，而父辈的方向就是衰老、离去。这是自然的规律，是生命的规律和趋势，任何人都不可扭转和改变。

那么孩子要如何面对与父母的关系，才能真正发展良好呢？可以说一个人与父母的关系和内心态度，决定了他和整个世界相处的态度，臣服、接受、尊敬不再是空洞的字眼和概念，而是一个人身心合一的生命状态。如果一个人与父母相处融洽，他就找到了与整个世界和谐相处的秘诀了！

接受父母本来的样子，对生命说是。

世界上没有完美的父母。每个孩子面对自己的父母，都有一个独特而悠长的故事。小时候父母如何对待自己，自己有过怎样的成长经历……尽管是自己选择了父母，来到他们身边，可是每个孩子总是带着自己的期待，希望父母以完美的状态出现，按自己所期待的样子，给予自己所有渴望的满足。

当现实中的父母难如所愿，很多人内心留存的就是父母当年那些不尽如人意的、不完美的画面。抱持着这份感觉，他们以受伤的小孩的状态，停留在压抑和隐藏的抱怨、委屈和不认同状态，阻碍了能量的流动，愤怒、悲伤、无力、委屈甚至是仇恨等状态暗流涌动。尽管理智告诉自己，父母对待自己的方式并非出于他们的意愿，他们对待自己孩子的方式源于他们在妈妈肚子里时的经历——生命最初始被对待的方式、过去的记忆和成长的环境影响等。他们来自于不完美的父母的教养，并且在无意识中模仿复制，成为家族系统中潜藏的轮回。

但是当年那个被忽略或控制的小孩，无法靠理智疏通这份受阻塞的能量。唯一可以做的就是辟一条通道，让这些能量被看见、被释放，然后放下它们，爱才会真正流动。

现在就是一个机会。

195

　　想象中面对现实的父母，同时把你期待中父母的特点从他们身上剥离出来，就好像在他们身上分出另一个完美的父母形象。自己蹲下来或坐下来，回到小孩子的状态，允许当年所有的创伤和失望情绪自然流露出来，看着现实中父母的眼睛，对他们说："我怕你们，我恨你们，我也恨我自己，我恨我自己如此地爱你，我恨我自己如此期待你们的爱！爸爸妈妈，我爱你们！"

　　这是需要时间去准备的过程，不着急，让自己慢慢地来，允许把几十年来尘封压抑的小孩子当年的情绪表达出来，允许这个穿越的过程慢慢进行和完成，允许你流泪、诉说、撒娇、祈求甚至愤怒。体会这个过程带给你的真实感觉，当你经历过痛苦的宣泄之后，感受内心深处的爱，这才是真正的爱的流动。

　　你开始明白，他们就是你最好的唯一的父母，他们就是这样真实的存在，理想的父母只是你个人的期待，与他们无关。你在他们身上看到父母伟大的本质——把生命传给了你，让你可以活下来，再把生命传下去，这就是父母最大的功德和恩情。此时，你真的可以身心合一地接受他们了，也因此你才真正身心合一地接受了自己——你是父母送给这世界最完美的作品。你可以发自内心地带着感恩对他们说：

　　亲爱的爸爸／妈妈，我是您的儿子／女儿，您是我唯一的爸爸／妈妈，也是最有资格做我爸爸／妈妈的人。生命经由传递给我，里面已包含了所有的力量、爱与支持。我完全接受您给予我的生命，我会用您给我的一切好好成长，做一些有意义的事，让您感到骄傲。我会成功快乐地生活，用我之所长为其他生命服务，让世界因为我而更加美丽，我用这个方式对您表示感谢和尊崇。我愿意做一些事，让我们可以更好地沟通，爸爸／妈妈，我爱您；爸爸／妈妈，感恩您！

此时，你对自己的生命说"是"，你接受了生命的源头，接受了生命的本身，接受了生命成长过程中所发生的一切。你接受你比父母小，你在整个世界面前只是一个小孩子，你鞠躬向这一切的存在表达你的臣服、你的敬意、你的尊重！

你在一切先你而来、比你大的存在面前深深地低头，弯下身躯，没有一丝抗拒地垂下双臂，心甘情愿在心里说："是的，我接受，我尊重，我爱你们！"

你与父母关系中所发生的一切都变得可以被接受，然后爱将流动并找到你在其中合适的位置，你的生命中其他所有的关系也因此各归各位。

只有当你对父母充满爱与感恩时，关系才会完整，否则你就欠了他们的情债。当你觉得感恩，你就自由了，可以继续前进了。你可能与父母分离，但你一直都记挂着他们。感恩的唯一方式是全然地感觉伤痛，这样你就可以宽恕他人并且得到他人的宽恕，然后关系就理顺了。你卸下了重担，你的整个生命就改变了。

放下傲慢，才是真正的孝顺！

　　回到本节前面与父母关系测试的第 4、5、6 题，你在给父母钱物这件事上经常会感觉挫败和愤怒吗？面对逐渐老去的父母，你会担心吗？在与父母站立的位置中，你常选择站在他们身后才会觉得舒服吗？

　　假如这些都被我猜中了，我要提醒你：你在用傲慢的方式孝顺你的父母。这种孝顺是以打击父母的尊严为代价，让父母退回成为无能低能的状态。你让自己站在比父母高的位置上，使爱的流动逆转，终将失去爱本来的动力，这是违背生命法则的"大逆不道"。

　　我这样说并不是危言耸听。观察生命河流的走向，你就会看到其中的危险。你相信河流可以从下向上流吗？你看到一个又一个"孝顺"父母的孩子，用无奈和赌气来面对，那本该有的轻松自在却被相互怄气、抱怨、小心翼翼的不自然状态维系。到底出了什么问题？

　　中国人是最讲究"孝道"的民族。虽然很少有人理性地思考过究竟什么才是孝道，但一代代儿女把"给父母钱花，给父母买衣服，带他们出国旅游，给他们改善生活条件"等当作自己孝顺的标准。所以很多人当初创业的动力之一也是"挣钱，让父母享福"。

　　儿女赚到了钱，总是先改变父母的生活条件。不知不觉，儿女在与父母互动的过程中也越来越有决定权，开始按照自己的意愿去安排父母的生活起居和晚年生活。老人若是顺从，就变成听话的孩子，同时放下自己的所有行为能力。儿女力不从心时，会抱怨父母不当家，不能尽父母之职；儿女若力所能及，就开始慢慢变成站在父母身后的长者，全然不觉察自己站错了位置。

年纪渐长的父母们，在越来越有力量的儿女面前逐渐变得唯唯诺诺，或者阳奉阴违。他们失去了以往的力量，有的计较琐碎，有的体弱多病，不断吸引着儿女们的注意力，好像变成了求关注的小孩子。儿女如果对他们更有指挥权和支配力，就会发现他们弱小无力。他们情愿放下自己所有的力量和尊严接受儿女们的所有安排，满足儿女们"养儿防老"的心愿。当父母坚持要自己做些力所能及的事时，儿女们会说："你年纪大了，什么都不要做，让清洁工来做。"当父母坚持自己生活节约的生活习惯时，又会遭到儿女的抢白："太小气了，钱有的是，干吗不过更大方的日子？"假如他们不听从儿女的安排或坚守着自己的习惯不肯改，儿女也许会感觉被激怒，会觉得沮丧愤怒。儿女也许会提高嗓门，指手画脚，恨恨地抱怨"好心没有好报"，不明白他们情愿守着自己的旧房老屋，这样孤单清贫到底为的是什么。

这就是问题所在。如果没有明白老人的心愿，不懂得如何"顺"他们的心意，又何谈"孝"呢？有多少人真的倾听过父母的心愿，真的听懂了他们的心愿呢？

用一个最通俗的笑话来说吧。假如一个太太问先生：我跟你妈都掉到河里了，你会先救谁？先生不管表面上如何应付太太，心里的第一个念头基本都是先救我妈。因为老婆可以再找，妈妈只有一个。

这是儿子的心意，因为儿子不能离开妈妈，却被很多人理解为"孝顺"。可是同样的问题若去问妈妈，妈妈的回答也很一致："先救媳妇！

因为孙子需要妈妈（因为妈妈真正在乎的是儿子过得好不好）。"这其中存在着极大的反差。若儿子按自己的心意救了妈妈，却让自己的儿子失去了妈妈。这样做看似满足了自己的孝心，实则违背了妈妈的心意，怎能算真的孝顺？

以此为例，我们可以逐一探讨那些我们以为的孝顺行为，到底是在满足自己的心愿，还是在满足父母的心意，我们是否用心去倾听过父母真正的心声。弄清楚这些之后再去表达自己的孝顺才是有意义的。

现在做个练习：

让自己放松下来，想象跟自己的家族系统连接，进入家族系统的河流里，感受生命河流流经你的身边，看到在你前面的孩子、孩子的孩子，一代代流向远方。二三十年后你已近晚年，你希望儿女和后代们过怎样的生活？假如你的利益与孩子们产生矛盾时，你希望他们做什么？面对儿孙和家族的后代，你内心最希望怎么样？

想象自己站在父母旁边，感受他们此时的心情如何。也许你可以即刻感受到他们此时的心情：只要后代儿女生活得好，就会开心快乐。

然后，再来感受开始衰老的父母的感受。他们怕老吗？怕病吗？怕死吗？你怕他们老、病、死吗？你接受他们有一天会老去，会离开吗？看着他们不再强壮，你有什么感觉呢？你是不是想代替他们去做些什么？你是不是想用自己的力量为他们改变现状，阻止病痛的到来？你害怕他们离开，因为假如他们离开了，就没有人再爱你了，内心那个受伤的小孩就再也找不到爸爸妈妈的爱了。你听到那个小孩子的渴望，渴望以一己之力代替父母控制生命自然规律的企图吗?

你知道,当你深藏这些企图时,你又站错了位置。如果你想与更大的命运抗争,你很容易失望,而同时你也会因这份傲慢伤害你父母的尊严,伤害你自己!

现在让自己看到真实的父母,带着尊敬和爱,看到他们!

你看到他们站在自己的生命线上,其身后是过去的岁月,前面则是未来的日子。这是每个生命共同的成长之路,其中包括生、老、病、死的所有过程。每条生命线无论长短,都要经历这些过程,这是任何人都无法改变和代替的。这条路的后面是命运,它代表的是自然规律和法则,所有人都必须接受和臣服。你带着尊敬的心,要让自己看到父母作为一个普通的生命,必须独自经历他们自己的生命历程。他们要具备足够的力量平静地经历这些过程,直到完成他们所有的生命课题,离开这一世。作为他们的儿女,你要看到他们在为你做出所有的示范和榜样,比如他们如何面对失去和离开,他们以此表达他们的尊严。

所以请松开你的手,向他们和他们身后的命运深深地鞠躬!当你起身时,你知道父母已给了你所有活下去的力量、资源和爱。你只要运用好他们给的这一切,过你未来的人生就足够了!松开你的手,带着爱与感恩对他们说:

"是的!爸爸,妈妈,我接受!我接受你们过去给予我的一切,我接受你们未来所有的决定。我已经是独立的成人,完全能够照顾我自己和我的家庭。不管你们以什么方式、什么时间离开我们,我都接受。我知道你们有自己的命运，不需要为我们而忍受病痛衰老的折磨，爸爸妈妈请放心，你们给我的一切已完全融入我的生命和血液里，永远都跟你们在一起！我接受你们的一切，等我做完我该做的事，还会与你们在一起！爸爸妈妈，我永远爱你们！"

如此，在这条生命线旁边，你会看到自己的生命线与父母此刻的交集，然后伸向属于自己的远方。

完成这个练习后，也许你已经明白孝顺的真正意义是以尊敬的心顺父母真正的心愿。儿女们对父母的供养，若缺少尊敬和顺从的心念，都是一份"我比你强"的傲慢。放下为父母安排晚年的企图吧，假如你真的孝顺他们，做决定前问问父母："爸爸妈妈，你们觉得怎么样最合心意，我听你们的！"

父母身体虽然衰老了，精神上是永远尊贵的！儿女们给予父母的生活照顾，要在精神上被尊重的前提下才有意义。所以，放下你的骄傲，在父母面前鞠躬，对一切说是！

第三节　我的婚姻

——处理情感债务，与伴侣合一。

个案一

　　李总来到咨询室时，孩子与他们夫妻都显得非常沮丧和焦虑。他的儿子刚读小学五年级，数学学习已成了全家头疼的问题。太太放弃工作，连续三年每个寒暑假都带孩子到外地。家里又请了一个数学特级教师给孩子补课。平时还有一个长期家教陪孩子每天做作业。可是这样下来的结果是，孩子数学仍只有六七十分，在班中居末。父母带孩子查过身体、做过智力测试，都看不出有任何问题，没人想得明白，看起来这么聪明机灵的男孩子，数学成绩怎么会这么差。

　　当我问及孩子最渴望什么时，孩子怯怯地看了爸爸一眼，然后小声说道："最希望爸爸妈妈不吵架，家里能温暖一点。"夫妻俩听完脸色都变了，互看了一眼，然后齐声说："都是因为你不乖，我们才吵架！"孩子不说话了，深深地垂下头。

　　这对夫妻之后在一次治疗中，看到孩子的代表用学不好数学来吸引他们的注意，拯救他们的关系。他们被真正地触动了，主动接受了两次婚姻咨询，开始享受婚姻的幸福和甜蜜。接着，奇迹发生了，孩子的数学成绩竟然不知不觉中在班级中名列前茅！老师们一直在问他们做了什么，他们说："我们只做了父母该做的——相亲相爱，给孩子最温暖的家！"

个案二

孙先生是房地产开发商，虽然五十多岁了，但人显得很年轻。而与他同来的女士显得更为年轻。

二人是为孩子而来。他们的女儿三岁多，可是至今不能走路。医院给孩子做了全身检查，一切正常。他们拜访了所有找得到的名医，都找不到问题的症结。最后有人建议他们去找个心理咨询师，从家族系统的角度做些测试，然后他们就将信将疑地找了来。我邀请他们放下怀疑，跟随潜意识和系统动力，凭着感觉做出选择。他们在完全不了解的情况下，凭着内在的感觉和直觉，不约而同地选中了"爸爸妈妈的关系"这个因素。我又寻根溯源，发现孩子的状况与父亲另外的情感关系和孩子等有关。多重情感关系未处理平衡，与多重情感关系所生的孩子关系不平衡，种种因素所产生的不平衡动力都在这个女孩身上表现出来了。

当我问及父亲的情感历史，他显然不太情愿，但还是说了十多段亲密关系，现在的太太是第三任。我问他有过几个孩子，包括流产的、夭折的孩子。他想了半天，竟说不出来一个准确的数字："太多了，说不清，记不得了。"他的太太在旁边开始数落抱怨，先生急了："女人都是这个德性！生不了儿子，我当然要找别人了，我就是相信良好基因要传承，人类社会就是优胜劣汰，竞争生存！所以我就是认为男人不应该一夫一妻制，应该是一夫多妻，要把优良的基因传下去！"他最崇拜的就是达尔文，因为他认为达尔文的进化论是支持男人多妻多子的。

这是我听到的最雷人的婚姻观。我不敢相信他是一个做网络软件开发的现代化公司的老总！他现在除了为女儿不会走路心烦，每天都在跟太太进行斗争。他想同时跟另外一个女性一起生活，让她帮自己生儿子，他太太不从，两人在做最后的较量。

我把自己测试仪的结果告诉他们，试图用最通俗的语言讲清在家族系统中潜藏的动力。因为父母曾经的情感关系没有处理好，没有尊重每段情感关系而使系统动力失衡。而孩子作为系统中的弱者牺牲自己而代替父母维持平衡，是以自动"受害"的身份拯救系统。这对孩子太不公平了。夫妻二人从开始的将信将疑，到慢慢察觉，然后开始静下来反思，询问怎么解决。我看到了他们对孩子的爱，这份爱成为他们渴望改变的动力。我慨叹道："亡羊补牢，未为晚也。但是你也要知道，出来混早晚要还的！你所做的一切都像种子一样种在你的生命中，消除它也需要一个过程。关键是你要借此反思一下，你的信念里有多少不合系统法则的！"

此个案让我震惊地发现，关于婚姻，关于爱情，很多人会有如此迷茫和混乱的思想，而由此引发的诸种乱象也就成为许多家庭永远的遗憾和伤痛了。

转而一想，这也属正常。从小到大，有谁指导过我们的婚姻呢？没有！家庭、学校、社会都没有引导孩子认识情感和婚姻，一代代靠"自学成才"，凭感觉和本能推动着恋爱、结婚、育子。其中有多少误区？当一线城市离婚率高达39%，当小三、外遇现象越来越普遍，当恐婚、恐育以及非婚生子女、难嫁愁嫁、婆媳不和、翁婿矛盾等现象走出电视连续剧，在你身边或家里上演，你还相信爱情吗？你怎样看待婚姻呢？

静下来做几个深呼吸，让整个身体都放松下来，开始进入关于爱情与婚姻的主题中。让我们来做一个关于婚姻和情感关系的测试吧！

1. 让自己内心浮现出有关婚姻和爱情的画面。那是跟谁有关的？是你父母，或是你自己，还是电视电影的画面？你内心的感受和身体的感觉是什么呢？

2. 假如用三个词描写婚姻，那是什么？

3. 假如用一句带动词的话形容另一半，你会怎么写？

4. 回想你曾经的情感关系，你感觉是_____。

A. 懒得想　B. 很愤怒　C. 很愧疚　D. 很留恋

E. 以上各种都有

5. 想到你前任的婚姻关系，你感觉_____。

A. 愤怒　B. 失望　C. 委屈　D. 平静　E. 感恩　F. 无所谓

6. 想到你与前任关系中的孩子，你感觉_____。

A. 失望　B. 愧疚　C. 幸福　D. 没感觉

7. 你维系目前这份婚姻关系的原因是 _____。

A. 感情深　B. 想给孩子完整的家　C. 婚姻是修炼的道场　D. 其他

8. 假如可以重新选择，你将 _____。

A. 不结婚　B. 不离婚　C. 马上离婚　D. 回到父母家不长大　E. 其他

9. 你们家族和父母是怎样看待婚姻的？请写出至少三条。

10. 你在父母身上学习到关于婚姻中的什么？

11. 你目前婚姻中主要存在的问题是 _____。

A. 沟通不畅　B. 与长辈的关系　C. 孩子教育意见　D. 没有共同
目标和兴趣　E. 性关系不协调

虽然人们很少系统学习、了解爱情和婚姻，但人们对爱情有太多
的期待，期待快乐、安全、满足、陪伴，甚至希望爱情能帮自己走出沮
丧，带来无上快乐。人们对爱情的期待格外严苛，以为有了爱情就能永
远快乐，甚至以为只要找到真爱就能解决所有的人生问题。这是童话式
的想法，以为只要找到白马王子或灰姑娘，人生就能完整圆满；以为每
一只青蛙都应该变成王子；以为在找到真爱以前，每个人都是不完整的
一半，是未完成的拼图。但太多这样的童话式思考会让人变得不负责
任。人们看不到内在没有充分成长的小孩子，渴望在对方身上得到满
足，这预示着对爱情与婚姻的期待是一份索取和控制，而不是给予和分
享。海灵格曾正言道："一个内心没有充分长大的小孩子是没有资格恋

爱结婚的。"因为婚姻关系的意义是相互给予分享，而不是索取。当一个人充分成长，承担面对所有人生问题的责任，让自己成为圆满的完整的"一"，才不会把自己的人生寄托在某个人身上。婚姻不是托付、索取，而是分享、给予。

解决与父母的关系才能真正地与父母分离，与伴侣合一。

只有充分处理与父母的关系，才能真正地长大。这样，婚姻不再是两个小孩子在匮乏状态下的相互索取，而是完整而独特的"我"加上另一个完整独特的"你"，共同创造"我们"的过程。

如果你对恋人、伴侣经常有委屈的情绪，那说明你没有充分成长，在对方身上投射了对父母的需求。委屈这种情绪是一个非常重要的信号。把自己在父母身上没有满足的期待投射到对方身上，把对方当作父母。这在心理上已经是不平等了，若对方不能满足自己的期待，就会失望、委屈、抱怨，两人的关系就变成纠缠。只在乎"我"而忽略"你"，就没有力量创造"我们"。

怎么做呢？在上节接受父母的练习中，真正感受到自己的充分成长之后，再来完成下面这个收回委屈投射的练习。

与你的伴侣面对面站着，感受一下看着对方的感觉。你们两个的视线谁高谁低？想象他身后站着他的父母，你身后也站着你的父母。与父母连接，获得父母的力量和支持。然后，你看着对方的眼睛，对他说："你是我的先生／太太，我是你的太太／先生，你不是我的爸爸／妈妈。我的爸爸／妈妈就站在我的身后，他们给了我所有的力量、爱与支持，现在我把放在你身上的，属于我对父母的期待全部收回到身后的父母身上，只让你做我的先生／太太。"说完之后，想象自己在过去有的、现在有的和未来将要有的那些对父母的期待，全部从对方身上收回，越过自己的头顶落到身后的父母身上，直到全部收回为止。现在再来看对方，有什么不同？自己的身体又有什么不同感觉？

假如你感受到自己的力量，感受到对方的力量，这两种力量是平等的，那么恭喜你；假如感觉对方比自己低，那么就再完成下一步：

面对着对方的眼睛，你对他说："我是你的太太／先生，我不是你的妈妈／爸爸，你的爸爸／妈妈就站在你身后，他们给了你所有的力量、爱与支持。现在我把你放在我身上的，属于对你父母的期待全部交还到你身后的父母身上，只做你的太太／先生。"说完之后，想象着自己把对方过去有的、现在有的和未来将要有的那些对父母的期待，全部交还到其身后的父母身上，直到全部交还为止。现在再来看对方，有什么不同？自己的身体又有什么不同感觉？

也有很多人活在父母不和睦关系的阴影中。每当想到婚姻和家庭，脑中充斥的就是小时候看父母吵架的情景，或者是父母互相责怪和诅咒的声音。许多人在那个恐惧不安的年龄里早做了决定："我长大了绝不结婚，也不生小孩，我不让我的孩子活在我今天的恐惧中。"哪怕有些人后来还是结了婚，也渴望超越父母，但他们内心的那个决定也会像一股无形的暗流一样控制着他们的婚姻与人生，以重演父母的悲剧表达自己对父母的爱和认同。这种非理性的状态是需要面对和释放的，否则就永远不会与心理上的父母分离，不会真的让自己与伴侣合一。

如果你认为爱就是纠缠不清，可能因为你小时候看到的就是纠缠不清的关系。如果你认为爱就是虐待，你看到的就是虐待的关系。如果你认为爱是快乐的分享，你看到的就是快乐分享的关系。如果你认为爱是关怀别人，你看到的可能是互相关怀的关系。如果你看到的爱是操控，那么你只能延续这样的爱给你爱的人。

你可以为自己重新定义，创造你想要的情感关系。再做以下练习，与自己的亲生父母分离。

看到父母在对面，不管在你眼中他们的婚姻是否美满，都让自己同时看到他们，在他们面前蹲下来，回到小孩子状态，对着他们的眼睛说：

"亲爱的爸爸妈妈，不管你们的关系如何，你们都是我唯一的最好的爸爸妈妈。我是你们的孩子，我接受你们给予我的一切。无论你们的关系是否圆满，都让我明白婚姻和爱情是要学习的。我看到一个没有充分成长的人要经历的痛苦，所以我会让自己带着你们给予的所有力量和爱，充分地学习，准备好去面对我的爱情和婚姻。爸爸妈妈，假如我有与你们不一样的情感生活，你们允许吗？爸爸妈妈，我要过与你们不同的婚姻生活，表达对你们的爱与尊崇。爸爸妈妈，请祝福我！爸爸妈妈，我爱你们！"

得到他们的祝福之后，站起来，转身面向自己的未来，看到自己的伴侣和孩子，跟他们一起走向前方。

生离死别时做出承诺比较容易，天长地久、至死不渝这样的誓言要维持几十年是要用心经营的。跟一个没有血缘关系的人如此近距离地朝夕相处，我们必须在他身上看到自己的阴影部分。所谓"同类相聚"，被你吸引的人必然拥有和你某些相似的特质，而这些恰恰是你不喜欢、不接受的，亟须治疗的伤痕。

解决问题的方法不是让对方改变，因为问题永远都在你自己身上。配偶是一面可贵的镜子，让你看清自己，让你从问题中成长。经营婚姻应该在自己身上着力，在对方身上找问题只会让你分心。一个人内心若完全是对方的影子，表示他的内心是空虚的。

人们往往不想解决问题，而急于抛弃配偶，期望在另一段新的感情中寻找温暖和慰藉。所以"离开"和"重新开始"成为很多人解决爱情和婚姻困扰最常用的方法。但结果往往令当事人失望，因为一段未了的情债可能成为无形的包袱，让自己无法真正看清自己新的伴侣。需要治疗的伤痕却因郁结更多能量而受阻，就如河道中央被堵塞的杂物，越积越多。

所以，在抛开现任伴侣以前，必须让自己先处理完过去所有的情感债务，让自己完成成长，停止向外的追寻。也许你会发现在情感交往中有些相似的模式或规律。

梳理曾经在你生命中出现过的异性情感关系。不管有无性关系，那些一直占据你的心，经常引起你情绪反应的异性（不管是愤怒、仇恨、委屈、失望、负疚、抱怨、留恋或者其他复杂的情绪，都是你与他们有债务的信号），让他们同时或分别出现在你面前，看着他们的眼睛，真诚地说："你是我的前男／女友（夫／妻），感谢你们曾经在过去的岁月中陪伴过我，给了我当时能够给予的最好的一切。我当时也给了你可以给予的一切。因为你的存在，我的生命有了不同的学习和成长，我会把所有这些意义和价值全部放在我心里，带到我未来的生活中。对于我对你所造成的伤害，我真诚地道歉！对不起！请原谅！谢谢你，我爱你！"

跟着内心的感觉，按照本书上篇不同情绪的不同处理方法一一进行梳理，直到那些堵塞着的情绪开始疏通、流动，最后回归平静。

也许这时，那些曾经以不同形象停留在你心里的人，会慢慢转身离去，回到他们自己的生活中。

假如你们之间有过孩子，不管现在是否在你身边，你需要把这些孩子一个一个都放在自己的心里，用你可以给的爱和关注，把他们放在心里一个重要的位置，用这样的方式跟他们连接在一起。

用这样的方式可以平衡内在的情感债务。假如还有机会在现实生活中做些具体的事作为补偿，就去做吧。如果你内心感觉平静，想到所有的曾经的情感关系时感恩而平静，那么恭喜你，你完成了对过去情感债务的清理，可以轻松地回到现实生活，百分百地面对你现在的孩子和爱人了！

至此，你发现生命的圆满与完整只能来自于自己的内在，找到新的另一半并不能解决两性相处的问题。你所追寻的圆满就在你自己身上，等待你去发掘。从现在起你不需要寻找一个人来爱，因为你已经努力让自己变得更完整，值得别人来爱。你有权利拥有一切美好的事物，你的生命是特别的。

夫妻共同信念价值测试

1. 十次讨论，三次以上以争吵结束。

2. 很少讨论事情。

3. 觉得对方不明白自己。

4. 有事对方不会跟我商量。

5. 两个人一同做，并且双方都开心的事不超过六件。

6. 对方的嗜好中我喜欢分享的不到两件。

7. 看到对方与异性在一起，我会怀疑。

8. 对方很少理会我的感受。

9. 我不让对方单独旅行。

10. 过去一周我们没有很开心的事，而且经常如此。

上面的测试题中如果符合你的想法，则得 1 分；若不符合，则不得分。算一算你一共会得几分。假如总分超过 7 分，那么你要小心了，你们的婚姻已亮起红灯，需要尽快调整你们的关系了。

有人说婚姻是恋爱的坟墓，是说未婚伴侣往往彼此都在健康关系中：尊重对方，让对方做他自己。但结婚后，双方开始认定彼此为丈夫妻子的角色，减少和遗忘了相互的尊重和友善，期待对方按自己所期望的样子去做。夫妻很少在婚前或婚后讨论过彼此对对方的期待到底是什么，每个人都根据自己内心的"角色期待"在做。因为彼此期待的偏差，再加上沟通不畅，而形成矛盾和隔阂；又因为缺少危机处理的有效机制，冲突的积累就可能潜伏或积压，某些突发事件可能引发剧烈的矛盾。因此很多人呼吁"只恋爱不结婚"，或者恐婚，以此躲避矛盾和冲突。

待孩子出生之后，很多夫妻往往把注意力转移到孩子身上。孩子成为连接父母的纽带和桥梁。夫妻为了孩子而忙碌奔波，维持表面上的和谐，却慢慢忽略了彼此情感的维护和保鲜。不知不觉间，孩子成了家庭中的核心，站在父母中间。很多家庭中只有父子关系、母子关系，而没有夫妻关系。这些家庭中威胁夫妻关系的"第三者"是孩子，父母往往用关注孩子逃避夫妻之间的矛盾，以为只要给孩子全然的关注和爱，就是给了孩子温暖的家，却不了解这样的家庭关系恰恰是对孩子最大的伤害！

对每个孩子至关重要的核心家庭里，构成家庭关系最重要的基础关系是夫妻关系，然后才是父子和母子关系。夫妻关系就像"家"这座房屋的地基，只有地基稳了，上面建起的亲子关系之屋才能安稳。夫妻关系又像支撑小树的两个盘绕在一起的树根，唯其健全，树才能枝繁叶茂；假如本末倒置，就会给孩子造成心理上的伤害——承担调节父母关系的重担、站错位置拯救父母、不能充分感受父母的爱与陪伴。

对孩子成长来说，最需要的精神营养是情感上的安全。安全感来自于父母关系的亲密和谐，孩子只有确实感受到父母感情稳定而亲密，才能有足够的精力去看到家之外更大的世界，才会有精力去照顾他自己的学业和未来。

每一次我在做个案和培训时，看到的孩子与父母、未来和学习的关系几乎是完全相同令人心酸的情景：站在父母前面的孩子，每当感受到父母的稳定和亲密连接之后，就会自然而有力地转身面向学业和未来；一旦父母关系有变化，孩子会即刻转身牵挂父母，再不管学业和未来。每当这时人们才真正明白孩子的心：在孩子的心目中，最不在乎的是学习和未来，最在乎的是父母相亲相爱以及和谐的亲子关系。这些远比给他们吃什么、穿什么、学什么重要一百倍！因为在孩子的心目中，父母恩爱的家才是真正温暖和安全的，生命系统的能量总是从上游流下来，爱的流动才是顺畅的。而丧失夫妻关系的家庭里会种下诸多隐患和困扰：孩子对父母的忠诚引起内在纠结，孩子学习到无实质的婚姻，孩子与父母一方"共生"而成为代替伴侣，孩子过分成人化而无力面对自己的未来人生……

　　每一对夫妻若了解到高质量的夫妻关系对孩子成长的诸多影响，一定会痛下决心：为了孩子，也要尊重自己的配偶；为了孩子，也要经营好自己的婚姻，要与这个没有血缘关系的亲人好好相守相爱。这不仅是自己的人生课题，更是对孩子的影响和教育。所以，请把你盯着孩子的眼睛收回来，认认真真地看看你的配偶，你的爱人吧！

　　真正的相亲相爱要真正地在心里看到对方，看到他是一个完全独立存在的个体。他有一个长长的过去，这与他的家族紧密相连，你要接受他的独特和与己不同，懂得他"就是如此"，放下改变他的企图。你知道就因为他的独特才使得你们相吸相聚，所以你只有真正地欣赏他，才会真正尊重自己，也才能得到他的尊重和欣赏，然后共同创造出"我们在一起"的目标和价值。所以夫妻相守是一个尊重与创造并存的过程。双方都能在保有彼此独立性的同时，共同愿意为"我们"的幸福而改变，放下自己一部分的习惯和信念，共同成就二人世界的快乐和幸福。这是一个需要足够时间和空间，痛并快乐着的成长过程，是不断磨合和相互修炼的过程，是两个"一"相互接纳，再创造一个更大的"一"的过程。唯其不易，所以美丽。

　　夫妻双方对以往沟通不畅的问题进行交流，或对婚姻发展方向进行坦诚的讨论时，可以做这样的练习，转换角色，明白对方和自己有什么期望。

　　你们共同坐在一个安静的房间里，不一定要面对面坐，只要坐得舒服，并且能够欣慰地接触对方身体即可，比如坐在沙发上或地毯上。

静坐几分钟，尽量用对方的眼先看自己。开始想象对方眼中的你是个什么样子，想象你的言语、行为以及日常生活给他的印象。

转换角色，从对方的角度讨论在婚姻中所关心的问题。换句话说，你是在告诉对方你对他正在思考的问题的看法，尤其是那些让你们感到怀疑和不安的话题。然后，让对方做类似的尝试。

重新回到自己的角色。心平气和地讨论刚才双方提到的问题，找到遗漏和错误的观点，加以补充和改进。

当你们出现了比较大的冲突，很难当面沟通时，可以选择下面这种方式了解彼此内在的渴望。

让自己坐在一张椅子上，想象配偶坐在对面的椅子上。从自己的角度看清对方穿什么衣服、脸上什么表情、四肢如何摆放。同时感受你内心看到对方时是什么感受，有什么话要说。

然后站起身，坐在对面，模仿刚刚你看到对方的所有表情和动作，看看用这样的方式倾听你说话时的感觉是什么。当你真的可以感受到对方时，请记住这感觉。有什么话，也说出来吧。

然后再回到自己的椅子上，带着你刚才感受的体验，看看对方现在的表情动作有什么不同。还有什么要说的吗？说完后，再去对面的椅子上体验对方的感觉和变化。

几个回合后，你一定会有神奇的发现：原来现在你才真正了解对方的真实感受。而这个发现会让你感受更多的神奇：当你内在的世界发生变化之后，你的爱人和配偶在生活中也发生了神奇的变化！

　　到底是你的变化影响了他，还是你们同步发生了改变，或者本来二人世界就是如此神奇地存在于你的内心呢？

　　哈哈！这世界真奇妙，你变了，外在的一切都不同！

　　恭喜你，终于找到了亲密相处的改变秘密了！好好享受幸福的婚姻吧！为了你自己，为了你的孩子，为了你们的爱情！

　　好了，这段旅程已接近尾声。当你带着这份爱与勇气，完成了与自己的连接，完成了对事业的回顾，完成了与家庭的连接，你现在已经是一个全新的自己了——一个懂得觉察和管理情绪的自己，一个找到了人生价值和使命的自己，一个会爱家人、心理健康的自己。此时你可以感受到自己内心的充实和喜悦，是那种由内而外的，从心底里升出的喜悦，与天气无关，与收入无关，也与你和谁在一起无关，而与你内在的丰盈与富足有关。这是无关乎外界，精神富足的感觉体验！

　　现在，整理一下你在阅读这本书时，每一个测试与反思的自我探索资料，把它们装订在一起，在封面上写下"我的成长财富记录"。用一个漂亮的袋子把它包好，放在放传家宝的箱子里（或者是保险箱里），需要的时候拿出来，跟你的爱人和孩子共享。跟他们分享的过程，就是你传承精神财富的过程，更是你影响和教育孩子学习生活、学习做人的过程！还有什么比如此真实的影响更有力量呢？

恭喜你，经过这个学习和释放的过程，经过这个反思与体验的过程，你已成为精神上真正的富有者。你走出了谋生的恐惧，走出了为自己而活的局限，可以在生命的高度上去引领你的孩子。此时你是真正的富翁，携带着家族所有的精神财富，携带着你人生所有的阅历和储备基因，通过你、通过你的言行，影响你的孩子，成为他的精神偶像和人生榜样。

有人说这是一个金钱至上的时代，有人说这是一个娱乐至上的时代，只有当你活出精神的富有，影响和带动你的孩子，你才会发现这是一个渴望信仰、渴望精神偶像的时代。孩子们带着他们的精神渴求来到你的身边，渴望你的带领，渴望在你身上看到他们所期待的精神示范。现在你已经开始了这份潜移默化的传承，让孩子可以站在你的肩膀上，去看到更美丽的风景，表达出更富有力量的人生，也许这是你留给孩子最宝贵的财产和传承。你真的相信了，父母的生命境界和高度决定孩子的生命质量和高度；你真的实践了对孩子的爱和责任，完成了自我的超越和反省；你真的做到了，企业家的使命在对下一代的引领中，由家而业，全面完成！

把你们夫妻共同的财富就这样传下去吧！为了你的家族，为了这个民族！

孩子，我想把它传给你

一、感恩每天的因缘

每周冥想一次，想一想你所认识的人身上的优点，首先从你喜欢的人开始，然后再对你不喜欢的人做同样的练习，下次见到这些人的时候，尽量回忆在他们身上发现的所有优点。

与别人不期而遇时做出一些善举，与熟人在街头偶遇，主动帮他们提东西，请他们喝一杯咖啡，同他们聊上一阵。不要以没有时间为借口而不这样做。

送给别人一些小礼品，下次度假时多买一些小礼品，不用特意去想为谁而买，随身带着一些，在心血来潮的时候送给别人。

如果你要与素不相识的人开会，准备一些表示友好的话，对他们为你留出时间表示感谢。或许你可以带一些饮料去开会。

二、请依靠孩子，请与我们的家族系统连接

这是一个庄严的仪式，把你的孩子介绍给家族系统，也把家族系统介绍给你的孩子，带着孩子认祖归宗。

选一个足够充分的时间，摆出全家福或家谱或家族的传家信物（假如能够在自己的祖屋、祖坟或家族祠堂里会更好）。带着孩子，恭敬地站立，对孩子介绍说：我们的祖先来自××省××市××县××乡，祖上姓×（假如其中姓氏有变迁，请一一介绍）。爸爸来自于××，妈妈来自于××，你生于××，你是这两个家族的后代。你是第×代中的第×个孩子。请你珍惜和运用所有祖先传给你的力量和爱，好好地生活，给世界带来正面的意义和影响，让我们这个家族因为有你而骄傲！

然后，指着孩子向祖先们介绍：各位祖先，这是我们的孩子，家族的第×代第×个孩子，他的名字是×××，感恩祖先把生命传给我们，传给孩子，请保护他，祝福他过好他未来的人生！

然后，自己跟孩子一起深深地鞠躬或叩头，以示敬意。引导孩子坐下来。先让他做深呼吸，放松整个身体。

引导孩子想象，站在一条生命河流中，一条长长的生命河流，从遥远的过去流过来，甚至看不到源头。一代代祖先就像这生命的河流，

通过放在下一代肩膀上的双手和他们的眼睛，把爱和力量传给下一代，直到流经爸爸妈妈，又通过爸爸妈妈传给你。你只需要向后面靠一下，感受爸爸妈妈怀抱的力量，放在你肩膀上的双手的力量，就可以直接感受到这份真实的感觉。对，深吸一口气，慢慢地，再传到身体每个部分，跟你的身体在一起，跟你内在的生命之火在一起！

直到你准备好或者已经准备好，你也会把自己的生命传下去。当你这样想时，你感觉在你的旁边已有了你的配偶，在你身体前面已经出现了你的孩子。孩子的孩子，一代代地出现在你面前，与遥远遥远的未来连接。你发现自己已经成了这条生命河流里最重要的一个存在，在你的身后是你的祖先，在你的前面是你的后代，你是连接祖先与后代的如此重要的存在！

你源源不断地从上游感受父母和祖先的爱，与你内在的生命之火相融合，再通过你源源不断地向下游传递，源源不断地吸收，源源不断地传递，源源不断地……

一呼一吸，都是吸收；一呼一吸，都是传递。感受这份祝福和允许，感受这份保护和支持，感受这份传递的快乐和幸福。让自己像条自由的鱼儿，尽情地在河流中遨游，所有见到的风景都是为了丰富经历和体验，所有经历的事情都是在帮助提升能力，所以用心去感恩每一次呼吸、每一次经历、每一个人、每一件事。每当需要时，就让自己回到这条生命的河流里，感受爱的力量与支持，感受祖先的祝福与保护，并且用自己的力量把这一切传递下去……

引导孩子多做几次深呼吸，感受与祖先力量的连接，直到感觉足够，再引导他慢慢睁开眼睛，回到现实中来。

三、孩子，请继承我们的家族精神

请带着孩子分别去采访三到五个爸爸和妈妈的亲属、长辈，请他们用三个词或三个故事概括爸爸家族可传承的精神是什么，妈妈家族可传承的精神是什么。将他们所说的一一记录下来，然后共同提炼出父母家族的精神，写在纸上，或者挂在家中。每逢家庭中有重大节日时，就和家人分享这些，从中获取力量和营养。

假如你离开世界，你希望别人如何总结介绍你，你希望自己的墓碑上刻什么内容，你希望自己得到后人怎样的尊敬。不要把这么重要的事交给别人去做，想一想，找到答案，再找个机会，与你的孩子分享当你离开世界时留下的墓志铭。也许是一段文字，也许是几个词。这是一个庄严的过程，是爸爸妈妈引导孩子如何定位自己，如何评价自己一生，是爸爸妈妈示范给孩子"我是怎样一个人""我希望自己是一个怎样的人"的过程，更是带领孩子感悟生死，感受在有限生命中创造无限的价值和人生意义的过程。

花一点时间完成，你一定会有超过预期的收获！

四、请让自己圆满

谢尔登·艾伦·希尔弗斯坦是美国诗人、创作歌手、音乐家、作曲家、插画家、编剧和儿童文学作家。他的绘本《失落的一角遇见大圆满》讲述了失落的一角一路跌跌撞撞寻找真爱的故事。

失落的一角孤单地坐着，等待有人来伴她，陪她到任何快乐的地方。

她遇到了一位好像与她适合的男人，但他和她无法一起去任何地方。有些可以带她到任何地方到处去玩，但是她和他不适合。有的男人非常喜欢她，但却不知道如何带领她走向旅途。有的男人非常幼稚，什么都不懂，只是碍手碍脚。还有的男人看起来很圆滑，又帅又令人兴奋，但一夜过后消失得无影无踪。

后来有人带她到处去玩，并把她娶回家。可是，没过多久对方就把她留在家里，自己跑出去玩了。一个充满失落与伤痕的男人追求着她，想唤起她天生的母爱。还有许多到处拈花惹草的高手，希望能与她一起享受冒险的刺激。

后来，她离婚了，并且学会了如何去躲避那一群饥饿的人。有些男人看起来似乎与她的心灵相通，处处付出关心与了解，其实他们只是想证明自己很有魅力。另外也有瞎混在一起的，从身边经过时根本看不见她的存在。于是，她开始打扮自己，使自己看起来更性感，更有吸引力。但是，他们只是围在她身旁挑逗着她，并不想认真与她相处。

她尝试闪亮路线，让自己在人群中看起来与众不同，相当有特色。然而，这么做只会吸引更多的苍蝇，吓走那些看起来像正人君子的男人。直到有一天，有一个人完全走进了她的生命之中，而且在许多方面正好与她速配。于是，她和他度过人生之中最快乐而且甜蜜的时光，并且互相告诉对方："我爱你。"

但是，突然有一天，失落的一角居然开始长大。它长啊长，彼此间的冲突渐渐多了起来。"我不知道你还会长大。""我也不知道。我要找的是我丢失的那一角，不会长大的。"于是，两人就此分手。

她独自坐在那儿，孤零零地望着四周，希望能再遇上一位令自己感动、给她宠爱的人。直到有一天，一个看起来完全不同以往的人，经过了她的身旁。

"你需要我吗？"女人问，"你想从我这里要什么？"

"什么也不要。"

"你需要我做什么？"

"什么也不要。"

"有什么事是我可以与你一起去做的吗？"

"有吗？好像没有……"对方回答。

"你到底是谁？"女人好奇地问。

"我是圆满啊。"

"也许你是我这一生所等待的终身伴侣……也许我就是你丢失的那

一角。"

"可能吧！也许……我是你生命中所欠缺的另一半。可是……我自己并不欠缺任何人啊！而且你也不必满足我什么……我自己过得很好……"对方说。

"太糟糕了。我真的希望有适合的人能带我到天涯海角，一起去旅行……"

"虽然我不能和你一起去……但是你可以自己一个人去呀！"

"我自己？！……大家不都是一起走的吗？我一个人是不可能感到快乐的，只有寂寞、孤单、自卑、空虚、无助……"

"你曾经尝试过吗？"对方问了一句。

"可我什么都不懂……我不知道我还可以做什么。"

"那就去磨炼一下你的心吧！也许有一天你会改变，并且离开你现在的环境。假如你想要真正的快乐，总有一天你会如此的……"

"棱角可以磨平，尖的形状也会改变。不管怎么说，我得说再见了，也许我们还会再见。"对方又说了一句。

孤单的女人听着失恋的歌曲，再次孤单地坐着。有好长一段时间，她只是坐在那儿……然后……慢慢地……她想也许可以尝试一个人过日子，尝试一些以前从没做过的事。

慢慢地，它的一角站立起来……然而她的心依旧相当脆弱，心中对爱的渴望屡次在夜里击倒她，喉咙下方总是涌现出酸痛的感受，但她还是继续努力地面对自己的命运和人生……

她开始向前移动了……而且，她充满孤独寂寞的心很快开始有了变化。她不断地尝试，失败，再尝试，又失败……不过这次，她并不放弃认真关心自己的身体与灵魂，而且也不再等待男人的疼爱与慰藉，她要好好爱自己！

她的心开始起了完全不同的变化。她正以失误代替严重的失败，以成功代替失误，接下来以成就代替许多的成功。她不知道自己的未来会走向何方，但她再也不会感到恐惧与害怕。她只是很努力地学习一切，并且面对人生中的各种挑战与困难。

如今的她，正快乐地做着她想做的事，而不再只是一个"有价值的女人"，而且这种价值存在她的心中，不必为了证明而做给别人看。她要每一天都快乐。她真的成为一位独立的女人。

有一天，她在一场音乐会后，遇上了多年前萍水相逢的那个人。后来她和他结婚了，一起实现了两个人心中的许多愿望。

成熟的爱，才能如此幸福和永恒！

参考书目

1. ［日］稻盛和夫:《人为什么活着》，中国人民大学出版社 2009 年 2 月版

2. ［美］露易丝·海:《生命的重建》，中国宇航出版社 2008 年 1 月版

3. ［荷］罗伊·马丁纳:《改变，从心开始》，云南人民出版社 2009 年 8 月版

4. ［以］泰勒·本－沙哈尔:《幸福的方法》，当代中国出版社 2007 年 10 月版

5. 王咏刚、周虹:《乔布斯传》，上海财经大学出版社 2011 年 8 月版

6. ［美］阿兰·道伊奇曼:《追随内心》，中信出版社 2011 年 9 月版

7. ［美］杰克·韦尔奇:《杰克·韦尔奇自传》，中信出版社 2004 年 5 月版

8. ［美］珍尼弗·怀特:《少工作多享受》,海南出版社 2008 年 1 月版

9. ［美］约翰·贝克特:《爱上星期一》,内蒙古人民出版社 2005 年 4 月版

10. 李开复、范海涛:《世界因你而不同》,中信出版社 2009 年 9 月版

11. ［美］萨娜娅·罗曼、杜恩·派克:《创造金钱》,天津科学技术出版社 2009 年 9 月版

12. ［美］罗伯特·清崎、莎伦·莱希特:《富爸爸 穷爸爸》,电子工业出版社 2003 年 1 月版

13. ［英］迈克·乔治:《松弛课》,光明日报出版社 2002 年 1 月版

14. 阿勋:《开启的世界》,中信出版社 2010 年 1 月版

15. 吴文君:《唤醒半睡的自己》,电子工业出版社 2014 年 8 月版